宝宝是天赐的礼物,
需要你的精心呵护!

用无限的爱和正确的育儿知识,
养育你最心爱的宝贝。

超实用育儿手记

总结别人的经验，养育超棒的宝宝

马建荣 主编

电子工业出版社
Publishing House of Electronics Industry
北京·BEIJING

未经许可，不得以任何方式复制或抄袭本书之部分或全部内容。
版权所有，侵权必究。

图书在版编目（CIP）数据

超实用育儿手记 / 马建荣主编. -- 北京：电子工业出版社，2019.8
（孕育幸福事．育儿系列）
ISBN 978-7-121-36461-7

Ⅰ．①超… Ⅱ．①马… Ⅲ．①婴幼儿－哺育－基本知识 Ⅳ．①TS976.31

中国版本图书馆CIP数据核字(2019)第085503号

全案策划

责任编辑：刘　晓
特约编辑：贾敬芝
印　　刷：天津嘉恒印务有限公司
装　　订：天津嘉恒印务有限公司
出版发行：电子工业出版社
　　　　　北京市海淀区万寿路173信箱　　邮编：100036
开　　本：787×980　1/16　　印张：12　　字数：220.8千字
版　　次：2019年8月第1版
印　　次：2019年8月第1次印刷
定　　价：59.80元

凡所购买电子工业出版社图书有缺损问题，请向购买书店调换。若书店售缺，请与本社发行部联系，联系及邮购电话：(010) 88254888，88258888。

质量投诉请发邮件至zlts@phei.com.cn，盗版侵权举报请发邮件至dbqq@phei.com.cn。

本书咨询联系方式：QQ 307188243。

| 前言 |

第一次做爸妈，除了体会宝贝成长所带来的喜悦与幸福，还必须应对宝贝各种层出不穷的状况：莫名其妙地大哭、一睡觉就满头大汗、脸上冒出了好多红疙瘩……当你翻遍各种育儿指南，依然一头雾水的时候，若有个人能告诉你究竟该怎么做，才能让亲爱的宝贝开心舒适，那真得谢天谢地！

是的，一本再全面的育儿指南也不能帮你应付所有的状况，比起一般的育儿常识，有时候经历和经验才是最重要的。为了将宝爸宝妈们宝贵的育儿经历和经验介绍给更多的新手爸妈，我们做了这本书。

书中专门收录了32篇宝爸宝妈精心记录的育儿手记，涉及0-3岁宝宝的喂养、护理、疾病照护、早教等多个方面。这一篇篇育儿手记，记录的是曾经的新手爸妈在育儿路上摔过的跟头、收获的成果。我们可以站在"前辈"的肩膀上，吸取教训，学习经验，更好地完成育儿这件大事。这是一笔宝贵的财富，值得分享给所有的新手爸妈，甚至值得留存起来，将来分享给我们的儿女。

为了保证内容的精准和科学，我们特别邀请了北京妇产医院儿科副主任医师马建荣，针对宝爸宝妈们的育儿经历，以专业的角度进行注释和点评，让每一篇育儿手记都兼顾实用性与专业性。

愿这么多有心又用心的宝爸宝妈们的所知能够解你之忧。

| 目录 |

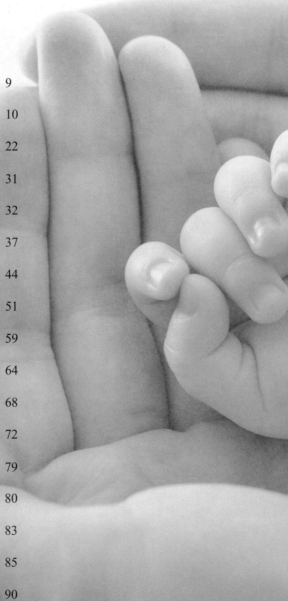

天使降临	9
生宝宝，一场只能自己面对的战役	10
萌宝诞生了——二胎剖宫产记录	22
喂养篇	31
痛彻心扉的开奶史和乳腺炎	32
母乳喂养之催乳成功记	37
难忘的追奶经历	44
产假结束——背奶的日子	51
百转千回的断夜奶日记	59
舍不得断奶	64
宝宝第一次吃辅食就过敏了	68
我家有个吃饭超积极的娃	72
护理篇	79
正确拍嗝能让宝宝少吐奶	80
第一次攒肚	83
我家的"睡前小仪式"	85
欲罢不能的抠鼻涕	90
豆子在鼻子里差点发芽	94
小蚊子，大烦恼	98

疾病照护篇 105

甜蜜的噩梦——巨结肠 106

团子经历了两次红屁股 113

宝宝便秘 119

跟宝宝一起闯湿疹关 121

恐怖的肠套叠 125

直播：宝宝第一次发热——幼儿急疹全记录 133

宝宝患鹅口疮的这些天 138

来势汹汹的秋季腹泻 143

再也不愁恼人的痱子了 149

该死的水痘 152

疱疹性咽峡炎来袭 158

带娃心得 167

宝宝开门七件事 168

养育二胎并不难 171

勿以孩小而哄骗之 178

二胎攻略：第一次姐妹冲突 186

妈妈的责任 189

天使降临

"我什么时候会生啊?"

"我不会睡着睡着就肚子疼到要生吧?"

"我会不会疼到死去活来,最后再挨一刀?"

"我生宝宝的时候会不会不顺利呀?"

……

预产期一天一天地临近,准妈妈满脑子琢磨的可能都是分娩的事情。虽然了解了很多分娩的征兆与应对措施,但对于即将到来的分娩时刻,准妈妈依然感到害怕。希望在其他宝妈的分娩故事里,准妈妈能找到温暖的力量来帮助自己迎接新生命。

生宝宝，一场只能自己面对的战役

叙述者 / 娃娃妈（湖南长沙）
宝宝 / 娃娃（2个月）

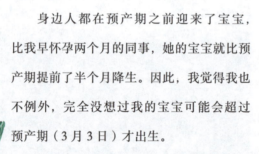

身边人都在预产期之前迎来了宝宝，比我早怀孕两个月的同事，她的宝宝就比预产期提前了半个月降生。因此，我觉得我也不例外，完全没想过我的宝宝可能会超过预产期（3月3日）才出生。

孕27周之前我去照B超，显示宝宝一直为臀位。医生给我摸肚子的时候说："现在还是臀位，你骨盆偏小，身材也小巧，看来顺产可能性不大啊。"说实话，听医生这么说，我虽然有点小失落，但内心还是有半分窃喜的。对于选择什么方式分娩，我其实很矛盾。一方面想着为了宝宝好，为了自己恢复快，最好能够顺产；另一方面又想，如果条件不允许就最好了，可以选择剖宫产，免受那么多的罪，因为我真的是非常怕痛的人啊。

进入孕9月,心情变得期待又焦虑

进入孕9月,例行产检开始变为一周一次,到最后两周,甚至要一周两次。我的心情也开始变得忐忑不安,既期待快点"卸货",又对不可预知的分娩过程充满了焦虑。

孕36周产检: 做胎心监护,照B超。B超显示宝宝已经从臀位转为头位。之前B超显示宝宝脐带绕颈2圈,可这周产检时,医生告知,宝宝自己又给绕出来了。我在心里默默地表扬了宝宝,太体贴妈妈了。胎心监护测得的假性宫缩次数增多,因此医生让我准备待产包,说宝宝随时可能降生。

孕37周产检: 做胎心监护,照B超。胎心监护测得的假性宫缩次数增多,B超显示宝宝仍未入盆。我问医生:"宝宝没入盆能不能顺产?"医生很肯定地回答:"可以的,宝宝一边出生一边入盆的情况也挺常见的。"医生根据检查结果,估算宝宝的体重后说:"你的宝宝不大,顺产应该没有问题。"这让我焦虑不安的心安定了不少。

> 孕9月的产检对宝宝的安全特别重要,准妈妈一定要遵医生嘱托按时产检,不可以掉以轻心,一旦有什么意外情况,医生可以及时采取措施。

> 脐带绕颈的发生率比较高。一般情况下,脐带绕颈比较松弛,不影响脐带血循环,不会危及胎儿,而且胎儿可能会自行绕出,不用太担心。

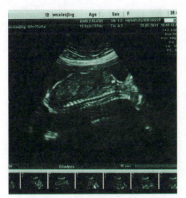
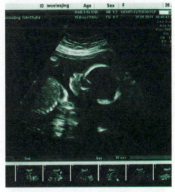

身边人都在预产期之前迎来了宝宝,比我早怀孕两个月的同事,她的宝宝就比预产期提前了半个月降生,因此,我觉得我也不例外,完全没想过我的宝宝可能会超过预产期(3月3日)才出生。

孕38周产检：做胎心监护，照B超。结果显示宝宝还没有入盆，我也没有临产的征兆。老公看我忐忑不安，安慰我说："宝宝不着急出来哦，咱也不着急，再等等吧，很多宝宝都是比预产期提前一周才生的，没准儿下周就发动了。"

孕39周产检：做胎心监护，照B超。宝宝在我肚子里动得欢实，力度也大了起来。不过，让我失望的是，宝宝仍然没有入盆。医生叮嘱宝宝随时可能出生，我的身边必须时刻有家人。

> 临近预产期的前几天，准妈妈需要留在家中休息，并每天清洁身体，安心等待临产征兆的出现。这个时候要保证家中始终有人陪伴。

孕40周产检：做胎心监护，照B超。其实做产检的这天，已经是3月5日，超过预产期2天了。因为迟迟没有临产征兆，之前充满期待的我变得特别焦虑。胎心监护的结果不太好，宝宝胎动很少，医生建议我入院待产。想到已经过了预产期，我便索性先住进了医院。

> 预产期是存在合理误差的，只有大约5%的准妈妈能在预产期当天分娩，多数准妈妈会在预产期前后2周分娩。

迟迟不见红，等待是件熬人的事

我运气比较好，得到一个单间。办好住院手续后，我躺在病床上，心变得安定了，最起码不用提心吊胆了呀。前些天我还担心，分娩一旦发动，老公这瘦弱的小身板，怎么将我从楼上抱下来呢。

我开始拿起平板电脑打发时间。我在"妈妈帮"建了一个账号。与我同月份预产期的妈妈们一个个报了宝宝出生的喜讯，而自己也即将"卸货"，我的内心又澎湃起来，期待里夹杂着挡不住的焦灼。

3月8日，我入院已经3天了。医生来查房，我追着问："为什么我还没有任何要生的迹象呢？为什么超过预产期这么多天了，我根本没有见红？"医生说："要不你过来检查下，顺便

> 大部分准妈妈在产前都会产生焦虑情绪，一旦发现自己情绪焦虑，又无法调节，一定要及时跟家人和朋友倾诉或向他们寻求帮助。

再做个胎心监护吧。"医生应该是见多了这样的事情,冷静得很。

检查室里人很多,排着长队,好不容易轮到我。医生问:"你什么情况?"我说:"我超过预产期快一周了,还没有任何动静。"医生问:"有什么征兆吗?见红、腹痛或者破水?"我说:"都没有,就是偶尔会假性宫缩,但也不痛。"医生让我躺在一张空着的床上,先来了一个护士给我做脐血流检查,然后又过来一个医生,说:"把裤子脱掉吧,做个内检。"在"妈妈帮"和"宝宝树"上,我看了太多的内检血泪史,此时心情不由得紧张万分,我不情不愿地脱掉裤子,闭紧双眼,心想:"咬牙忍着吧。"

因为紧张,我身体紧绷,医生说:"放松点。"我放松了一下,又下意识绷紧了身体,等着即将到来的疼痛。没想到她竟然特别迅速地帮我完成了内检,跟我说:"可以了,起来吧。"我问:"有要生的迹象吗?"

医生说:"一切都还好,回房间继续等待吧。"内检并没有那么难受的小窃喜又被漫无边际的失望所取代,小宝贝啊,妈妈的子宫有多舒服呢?让你赖着不愿意出来。

回到病房后,我继续登录"妈妈帮"。差不多所有我认识的准妈妈都"卸货"了,有顺产的,有剖宫产的,虽然她们总抱怨"卸货"后的疲累与难受,可是天知道,这一刻的我有多么羡慕她们。我一天数次地去卫生间看内裤,做梦都梦见自己看到内裤上有一摊血,然后欣喜地喊:"见红了,见红了。"

羊水破了

眼见住院快一周了,家里的长辈都开始抱怨,说不该这么早入院。3月11日的早上,我感觉下面"噗"的一下,出来一小团热乎

在临产前,准妈妈常常会出现宫缩、见红或者破水等征兆,这三种情况,出现其中任何一种,都代表宝宝快要来报到了。但因为个体差异,并不是所有准妈妈的情况都相同。有的准妈妈会提前几天见红;有的准妈妈可能没见红直接就破水了;还有的准妈妈见红后一直没破水,是在产床上医生人为破水的。

假性宫缩一般从孕28周开始出现,会一直持续到真正分娩前。假性宫缩发生得比较频繁,且没有规律,间隔时间也长,最明显的表现就是腹部发硬、发紧,有下坠感。假性宫缩可能发生在睡觉时,也可能走着走着就突然出现了。假性宫缩发生时准妈妈不会感到疼痛,也没有阴道流血或流水的情况出现,不会影响正常生活和工作。

乎的东西，一阵喜悦涌上心头："这一定是见红了。"我赶紧跑到卫生间，一看，内裤上有一团透明的黏黏的东西，跟白带有点像。我赶紧到"妈妈帮"发帖子求助，有宝妈告诉我："这是宫颈黏液栓，这个东西出来后，一般来说分娩很快就要发动了。"我的期待又被点燃了。到了凌晨2点，我想起来上厕所，结果刚一起床，就听到像是什么东西发出一种细微的破裂的声音，然后我站在那里，感觉水不停地往下流，我惊慌失措地叫醒老公："羊水，羊水破了。"

老公一骨碌爬起来，说："你还不躺下？"我以一个很奇怪的姿势站在那里，说："我，我怕弄脏了医院的床。"

老公一把将我抱起放在床上，说："你个傻瓜，赶紧躺下吧。"我躺在床上，将裤子脱下后，换了个成人尿不湿，再穿上裤子。老公一边打电话叫我婆婆和妈妈来医院，一边火速去敲值班医生的门。

没多会儿工夫，婆婆和妈妈就都赶到了。这时，老公推了张医院的担架床过来，因为医生让我再去做检查。看到老公推个担架床，医生笑了，说："她可以自己走的。"什么？可以自己走？书上不是说羊水破了一定要小心平躺吗？好吧，既然医生这么说了，我就跟在医生后面，竟然走到了传说中的待产室。

这个神秘的待产室，是我等待的这些天里，害怕又向往的地方啊。老公领着我婆婆和妈妈浩浩荡荡地跟在我的身后。但是，待产室的门开了，我进去之后，医生转头跟他们说："家属留步。"门"哐"的一声关上了！那个瞬间，我觉得失去了主心骨，无依无靠，要独自面对这即将到来的一战了。

待产室挺大，大概有十来个床位，我进去的时候，有两个准妈妈躺在床上。一个等着做检查，阵痛来袭时，她就紧紧地抓着

> 在怀孕早期，宫颈分泌物充满子宫颈，形成一道保护屏障，即宫颈黏液栓。临产时宫颈开始变薄和张开，宫颈黏液栓就可能被排出。

> 破水多在子宫口开到能通过胎儿头的大小时发生，有的在胎儿娩出的一刹那才发生，有的则是临产的第一个先兆。

> 一旦破水，医生常常建议准妈妈不管在什么情况下，最好马上平躺下来，同时将腰臀部垫高。这是为了帮助临产准妈妈减少羊水流失，但不代表破水后完全不能走动，因为破水后，羊水并不是不停地在流，也是有停顿的。

床沿，呻吟一下；另一个用鬼哭狼嚎来形容都不为过，她大声嚎着哭着，尽管医生一个劲儿叮嘱她大叫也没用，还是把力气省下用来分娩比较好。

生宝宝，除了痛还是痛

破水两小时后，我开始了阵痛，是能忍受的那种，痛一会儿，会停歇一阵。医生让我躺到床上去，此时我不得不吐槽医院产检的这个床，真是太不人性了。我忍着肚子疼，努力爬了上去，然后配合医生给我做胎心监护和内检。

医生摸了摸我的肚子，说："宝宝不大，顺产应该没问题。"接着她让我脱了裤子做内检。我脱下成人尿不湿的瞬间，医生的脸色就不太好了，说："这尿不湿上有些颜色，说明羊水被污染了，你可能需要剖宫产。"

这个时候，疼痛还不厉害，我以为生宝宝也不过如此，便跟医生说："没有别的办法了吗？我想顺产。"医生说："那再观察一下吧，我先检查下看开了几指。"因为有上次内检的经验，我这次特别放松，结果我疼得一声惨叫，然后就看到待产室门口，我妈火速探头进来，又被医生训斥了出去。做完内检，医生说："宫颈还很硬，一指都没开。"她建议我先备皮，做好两手准备，如果宫颈开得快，可以顺产；如果开得慢，为宝宝安全着想，还得剖宫产。然后医生就让我自己下床，回病房等着，并叮嘱我不要吃东西，因为万一需要剖宫产，在麻醉药的作用下，我可能会呕吐。现在我需要做的是等到上午8点照B超的医生上班后，赶第一批照B超，看看宝宝的状况。

我回病房的时候，疼痛变得越来越密集，由之前的5分钟疼

分娩时大声喊叫既消耗体力，又会使肠管胀气，不利于宫口扩张和胎宝宝下降，所以准妈妈在分娩时尽量不要大声喊叫。

准妈妈采取哪种分娩方式来分娩最好由医生决定。如果有自然分娩的条件，医生一般不会建议剖宫产；但如果经检查确认准妈妈自然分娩的风险高于剖宫产，医生会建议准妈妈放弃自然分娩。

一次变为3分钟，甚至2分钟疼一次。护士说，为了催生，我需要不停地刺激乳头。

为了顺产，我听话地开始刺激乳头，宫缩也因此变得更密集了。疼痛来时，我就默默练习拉梅兹呼吸法，深呼吸，吸气，慢慢吐气。阵痛过去，刚喘口气，下一波又来了，而我不知道这样的阵痛一波一波何时是个尽头。

7点50分的时候，老公说，B超室要开门了，我们赶紧去排队吧。刚走到电梯口，一波阵痛又来了，我站在电梯里，脑子一片空白，感觉自己要被这铺天盖地的痛淹没了。如果可以，我多希望不用生宝宝。我几乎是被老公和妈妈驾着走出电梯的，好不容易挪到B超室门口，医生还在做各种准备，我已经忍不住开始流泪了。

> 拉梅兹呼吸法是一种有助于顺产的呼吸方法，可以减轻分娩疼痛，增加分娩自信，孕妈妈从怀孕7个月便可以开始训练。

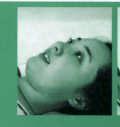

拉梅兹呼吸法

拉梅兹呼吸法是一种可以缓解分娩疼痛的呼吸方法，被广泛应用在自然分娩中，对产妇有很大的帮助。

第1步：胸部呼吸法
此法用在分娩开始，宫颈开3厘米左右时。鼻子深深吸一口气，随着子宫收缩开始吸气、吐气，反复进行，直到阵痛停止再恢复正常呼吸。

第2步：轻浅呼吸法
用于宫颈开3~7厘米时。子宫开始收缩时，让身体完全放松，用嘴吸入一小口空气，保持轻浅呼吸，让吸入与吐出的气量相等，呼吸时完全用嘴。当子宫收缩强烈时，需要加快呼吸，反之就减慢。

第3步：喘息呼吸法
喘息呼吸法用于宫颈开7~10厘米时。这时胎儿马上就要临盆，子宫的每次收缩维持30~90秒。先将空气排出后，深吸一口气，接着快速做4~6次的短呼气，感觉就像在吹气球。

第4步：哈气法
适用于第二产程的最后阶段。准妈妈用哈气法呼吸可以避免自己用力造成阴道撕裂。阵痛开始，先深吸一口气，接着短而有力地哈气，如浅吐1、2、3、4，接着大口地吐出所有的气，就像在很费劲地吹一样东西。

第5步：用力推
用于宫颈全开时。此时长吸一口气，然后憋气，马上用力。下巴微翘，略抬头，用力使肺部的空气压向下腹部，完全放松骨盆肌肉。需换气时，保持原有姿势，把气呼出，同时马上吸满一口气，继续憋气和用力，直到宝宝娩出。

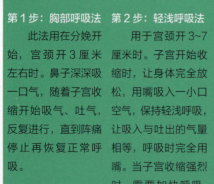

又一波阵痛袭来，挖心挖肺的那种痛，使我的整个身体都开始扭曲。我紧紧捏着老公的手，后来才发现，我把婚戒生生压进了老公的肉里。真的很感激老公，他忍着都没有吭声，事后他跟我说："比起你的痛，我这些都可以忽略不计。"终于听到喊我的名字，我趴在床边，只想蜷缩起来，好抵御这深入骨髓的疼痛。医生鼓励我站起来自己爬到床上去。我感觉到了医院，人就没了最起码的尊严，我听医生的话努力爬上去。医生检查完后说："宝宝状况还算好，也不太大，你顺产的条件还是不错的。"老公在旁边咨询医生："我们羊水有点污染，昨晚检查时医生说可能需要剖宫产，如果顺产，不会有危险吧？"医生回答："不着急，等下产科医生检查一下就知道了。"

拿着检查单去找医生时，阵痛已经密集到我连喘息的空当都没有了，原来2分钟的路，我走了十几分钟。因为阵痛来时，我根本迈不开步子，那种感觉简直太煎熬了。老公一直在旁边记录着时间，说现在差不多一分钟一次阵痛，可是我感觉一次连着一次，根本没有停歇。

开始我还能运用拉梅兹呼吸法给自己减轻疼痛，现在我只想跟先前在待产室看到的那个准妈妈一样，大喊大叫。本来做B超的时候，我还在想，都疼了几个小时了，上手术台太不划算了，可现在我只想说，我不要顺产，如果可以，赶紧给我打麻药，赶紧给我剖了吧，我再也忍受不了了，一分钟也忍受不了。婆婆和妈妈还在旁边唠叨"顺产好，对宝宝、妈妈都好"，让我都想爆粗口。

> 疼痛到来的时候，准妈妈可以深呼吸，或用两手轻揉下腹、腰骶部，疼痛剧烈时用手或拳头压迫疼痛处，疼痛可稍微缓解。

每个顺产的妈妈都是了不起的斗士

医生过来检查了一下我的宫颈，面带欣喜，说："宫颈比较软了，开了四指，可以顺产，赶紧去待产室。"可能是医生脸上那一

抹惊喜给了我希望，我觉得疼痛有所减轻，泪涟涟地问："我还没吃东西呢，我怕我没力气。"大家都笑了，因为可能需要剖宫产，从昨晚到现在，我连水都没有喝一口。老公很开心，赶紧准备出门去买吃的，但其实我觉得自己什么都吃不下。在这种强度的疼痛下，我不认为我有心情进食，于是跟老公说："算了，给我拿几块巧克力吧。"

忍着疼痛我吃了两块巧克力，喝了点水，便随医生去了待产室，2分钟的路程，我仍然走了约十几分钟。医院规定，家属都要待在待产室外，我拼命给自己加油打气，有一种英雄就义般的悲壮。

躺在产床上，我忍受着一波一波的阵痛，阵痛强烈时，我甚至能看到肚皮被撑成多边形。医生说，宝宝也在肚子里不停地挣扎，他也跟妈妈一起在努力呢。听到这句话，我内心有一丝温暖掠过，感觉自己不再是孤军奋战了。

听说快生的时候会有想要拉"粑粑"的感觉，可是让我郁闷的是，我没有拉"粑粑"的感觉，反而想尿尿。想到要爬起来走到卫生间，再爬回这产床上，我就觉得生不如死。我问医生："想尿尿了怎么办？"医生说："你确定是想尿尿而不是拉'粑粑'？"在得到我肯定的答复后，医生说："我扶你去卫生间吧。"卫生间在待产室外面，这时候宫缩已经密集到让我无法承受的程度，我几乎是被医生拖着过去的，我感觉骨缝都裂开了，宝宝在往下钻，钻心的疼痛！

以前看的帖子上都说阵痛的时候四处走动宫口开得更快些，我无法理解别人是怎么做到的，总之我觉得阵痛的时候，对我来说最好的方式就是躺在床上默默承受。

尿完回来，我已经无法忍受这惨绝人寰的疼痛了，腰酸得好像不是自己的。

> 第二产程子宫收缩频繁，疼痛加剧，所以消耗的能量增加，此时准妈妈应尽量在宫缩间歇喝一些果汁、藕粉、红糖水等，重点是补充体力。也可以试试看能否吃得下巧克力，巧克力能短时间补充大量能量，使准妈妈恢复力气。

> 紧张、恐惧等负面情绪对分娩都会形成影响，让疼痛加剧。准妈妈一定要做好心理准备，要告诉自己忍受顺产疼痛是自己可以做到的事情，因为大部分女性都做到了。

我央求医生："求求你，我不想生了，给我剖了好不好，救救我吧。"医生起身，再次帮我查宫口，一查，满脸喜色，说："都开六指了，再忍忍，都是这样过来的。"才六指！时间太漫长了！医生又叮嘱我："现在还不能用力。"

好像又等了一个世纪那么长，其实医生说只有十多分钟，我开始有宝宝好像要掉出来的感觉，我大声喊："医生，有了，我有想要拉'粑粑'的感觉了。"医生赶紧起身给我再次做内检，内检完医生说："呀，真不错，开了九指半了，你可以用力了。"

说完医生就招呼旁边的几个护士一起过来，我瞬间有了被重视的感觉，应该是快了，可是我已经没有力气了。医生问我能不能喝得下去东西，我说试一试，于是医生打开一罐红牛，我躺着用吸管吸了一些。

医生开始指挥，说感觉到宫缩的时候就用力，宫缩暂停就休息，用力的时候把嘴闭上，气要集中起来往下走，手要抓紧产床把手往上提，就像提重物一样。也不知道医生是安慰我还是怎么着，有时候我感觉自己做得好像不对，但是医生一直柔声说："对，就这样，真棒，很好。"不得不说，这样的言语给了我极大的安慰。中途，我感觉到医生用手在帮我扩宫颈，还有几个护士按着我的

> 不要因为有排便感而感到不安，或者因为用力时姿势不好看而觉得不好意思，只有尽可能地配合医生、大胆用力才能尽快完成分娩。

> 有的医院有导乐，可以让准妈妈在分娩期间获得更多的心理支持和实际指导，孕期检查的时候准妈妈可以留意一下。提供这项服务的医院都会有导乐的介绍，准妈妈可以自行选择。

肚子在帮我用力，我感觉自己痛到意识快要模糊了。

医生说："再用力，加油，看到宝宝的头发了。"这简直是在给我打鸡血，我用尽全身的力气，一次，两次……模糊中我看到护士在按我的肚子，然后突然之间，一阵轻快，疼痛的感觉神奇地全部消失了。模糊中，我看到医生抱着一大坨湿乎乎的东西。很快，我听到了一声响亮的啼哭声，是的，我的宝贝，他来到了这个世界。宝宝出生后大概5分钟，胎盘也下来了。

一会儿，医生拿着针走过来，开始给我缝伤口，我想，应该是侧切了。神奇的是，我连医生是什么时候给我侧切的都不知道，医生一针一线缝合着侧切伤口，我竟然没有感觉到想象中的那种恐惧与疼痛，只像被什么东西叮了一下肉似的疼。

> 会阴侧切一般能在一周内愈合，不会对新妈妈产后排便及性生活造成影响，一般也不会留疤。

然后护士把擦洗干净的宝宝抱到我跟前，他穿着待产包里粉嫩嫩的衣服，护士俏皮地说："猜猜是男孩还是女孩。"在此之前，我其实期待生个小女孩。可此刻，我竟然心满意足地回答："都好！"护士说："妈妈抱抱吧。"我轻轻拥他入怀，所有的疲劳一扫而空。他趴在我胸前，我看到小小的人儿那皱巴巴的小脸，他黑亮亮的眼睛努力望着我，我们双目对视的那一刻，我的泪水瞬间决堤，整个世界变得柔和静谧，只有我和我的宝宝安静对视。尽管我知道他看不见，但是我相信他能感知到。

病房外，我看到3月的桃花星星点点在开放，呵，我的宝贝，你来了，你一路跋涉，终于来了！

医生小科普

超过预产期时怎么办

如果超过预产期1周还没有分娩征兆，准妈妈应积极做检查，医生会根据胎宝宝的大小、羊水的多少以及胎盘功能测定结果、B超检查情况来诊断妊娠是否过期。

如果胎心监护正常，胎盘和羊水正常，准妈妈可以耐心等待临产征兆出现，不必住院。准妈妈这时可以进行一些有助于促进分娩的活动，增加运动量，如延长散步时间、多上下几次楼梯都有较好效果。另外也可以刺激乳房，促进催产素分泌。每天用软布热敷乳房，并轻轻交替按摩两侧乳房，每侧15分钟，每天做3次，也能取得较理想的效果。

如果超过2周仍然没有分娩征兆，准妈妈应及时住院，在医生的监护下待产，避免因为胎盘功能下降而发生危险。

怎样判断是不是真的破水了

有时准妈妈会出现假破水的现象，如尿失禁。如果是尿失禁，液体流出的量比较少，或很快就停止了。准妈妈可以事先准备好那种可以鉴别流出来的是尿液还是羊水的试纸，以备急用。

无痛分娩

无痛分娩在医学上其实叫作"分娩镇痛"，指用各种方法使分娩时的疼痛减轻，甚至消失。医院普遍采用麻醉药或镇痛药来达到镇痛效果，临床上常用的方法一般是硬膜外阻滞镇痛（麻药注射）等。

无痛分娩是一种既止痛又不影响产程进展的分娩方式，对疼痛很敏感、精神高度紧张，或患有某种并发症的准妈妈，如果经医生诊断，可以使用无痛分娩，不妨选择这种分娩方式。

萌宝诞生了——二胎剖宫产记录

叙述者 / 阿紫子（广东广州）
宝宝 / 萌萌（刚出生）

因为有子宫肌瘤及头胎剖宫产经历，我二胎顺产的概率比较小，产检医生的建议是等待，如果实在不行再剖。我考虑再三，还是决定不等了，天天都盼着快点儿生，十月怀胎的后期真是太让人遭罪了，虽然我知道把娃生出来仅仅只是长征路的开始。

剖宫产时间两次延后

住进医院的时候，我孕期近38周，腹部的下坠感好严重，肚皮上的妊娠纹又向上长了一点，但比起一胎时好多了。和我同一病房的31床是一个因妊娠高血压已经住院半个多月的大姐，现在孕31周多，她说要住到35周以上才能安全。我要是住这么久的医院，一定崩溃了。

> 如果孕妈妈在怀孕30周内出现妊娠高血压，那么进一步发展为先兆子痫的概率是50%。另外，患有妊娠高血压的孕妈妈发生其他孕期并发症的风险会更高，包括宫内发育受限、早产等，所以需要住院治疗。

医院的夜晚总有各种吵闹的声音，我一个晚上都没有睡着。我的手术被排在那天的第三台，没有意外的话，上午11点我能进手术室。昨天还是阴雨密布的，今天就阳光灿烂了。看来我的娃不喜欢下雨。

上午10点30分，到了家属探视时间。爸爸告诉我一个不好的消息，已经有一台急诊手术插队到我的手术前面了，我又要推迟1个多小时才能进手术室。昨天晚上8点就已经开始禁食，我还要饿到中午啊！早上31床的大姐去做例行B超检查，临走前还让我妈等我生了给她报个信。

结果她回来了，我还没进手术室。她在跟我们说笑的时候，突然医生进来，很紧急地说："31床，你的情况很不好，要立刻

终止妊娠。"这一句话把整个房间的人都吓住了。31床的大姐也被吓到了,哭了起来,要找认识的医生来……

真是太戏剧化了,昨天还在跟我说保胎的大姐,今天就先我一步进了手术室,而我的手术又被推迟到了下午2点。心急如焚的不只我,还有我老公,婆婆也一会儿一个电话地问进手术室了没有,还说如果下午3点前不能生那就再改一天。哎,都什么时候了,还改日期。

下午2点,护士带着我走到手术室门口,手术室大门关闭的时候,我看到了妈妈和女儿祺祺站在门外焦急的样子。我深呼吸一口气,问了医生一句,是自己走过去吗?医生有些诧异,"是啊,自己走过去"。我印象中产妇不是睡着被推进去的吗?

穿过长长的走廊,看到了好几间正在做手术的手术室,我突然紧张起来,真想快点离开,不想生了,自己怎么落到如此境地,无法控制一切,只能"任人宰割"。

> 剖宫产前准妈妈情绪过于紧张不利于手术时配合医生操作,建议即将分娩的准妈妈提前了解关于分娩的相关知识,做到心里有数并及时调整自己的紧张情绪。

手术床上的惊心动魄

手术床很硬很窄,勉强可以容下我的身体,我的手都没地方放了。然后需要侧身打麻药,我侧过身体,一开始我弓得不好,麻醉师的助手将我又拽又拖,摆成了他们想要的姿势。这个时候我的喉咙开始有点痒,我轻轻地咳嗽了一声,女医生被惊吓到了,说:"你千万不要乱动,想做什么或者有什么不舒服一定要说。"我说:"我的喉咙好痒,想咳嗽。"然后我好好咳嗽了几声。接下来那个女医生在我的脊椎上摸摸按按,一个男医生站在一旁问:"行不行?要不要帮忙?"女医生说:"应该行。"我当时听了他们的对话,心里凉了半截,什么叫应该行啊!可要给我好好扎啊!

> 剖宫产一般进行的是局部麻醉。在分娩过程中准妈妈是有意识的,能听到宝宝的哭声,看到宝宝的样子。

找好位置后,她就为我抹药消毒,然后开始打麻药,并反复叮嘱我不要乱动。打完麻药后,女医生告诉我要插尿管了,我的腿一会儿会变热,之后我会觉得双腿有一股暖流往下走。上一次生大宝时尿管是手术前就插好的,把我疼死了。这次因为麻药的关系我感觉一点都不疼。尿管插好后,有人来给我打针,是打在左手腕的置留针头。打之前她说这个针头粗,会有点疼,可是我也没觉得有多疼。接着我被夹上了心跳监护仪,鼻子里也被插上了氧气管。

之前给我打麻药的女医生过来,分别在我肚子、胸前、手腕处划了划,问我感觉一样吗,我照实说。过了一会儿,她又来划了几次,我说了感觉之后,她对另外一个医生说了几个专业术语,然后又说:"麻醉完毕,2 点 25 分。"

不知过了多久,有医生进来在我肚子上抹消毒水,又在我的肚子上盖了好多挺厚的布,最后弄来一个架子把我脖子以下的部分给挡住,此时负责开刀的王医生来了。我仰着头,头顶有个不知是什么的东西,通过它我可以模模糊糊看到我肚子被剖开的情形。此刻我的心情平静了,横竖宝宝就要出生了。奇怪为什么过了这么久宝宝还没有出来啊,我记得生大宝时好像很快的。

剖宫产手术的时间一般为30~60分钟,不过因准妈妈及胎儿存在个体差异,手术的时间可能延长。

时不时听到主刀的王医生在跟助手说什么血管之类的话,我的心很快又紧张起来。可能一旁的护士看出我好紧张,便跟我聊起天来,什么大宝是男是女啊,上一次手术是在哪个医院做的,是武汉人吗,怎么没听说过我家住的那个地方啊,我左手上的是胎记还是烫的……

我感觉过了好久好久,主刀王医生不知是对我说还是对助手说,宝宝要出来了,随即我就听见了宝宝的哭声。左边的医生拿着管子在我的肚子里一顿吸,我听见大夫说,3 点 09 分。医生抱着宝宝到我后面去了，手术还在进行中。我往后看，就看到一个浑身被白色胎脂裹着的娃娃。这又把医生吓住了，说："千万不要动。"

奇怪，这次我全程都十分清醒，不像上次看到宝宝以后就基本上失去意识了！终于他们把宝宝抱过来给我看了，是个女孩，体重 3370 克，身长 50 厘米。宝宝就被抱出去后，医生接着给我缝针，缝了好久好久。医生说我的子宫肌瘤这次不处理了，怕大出血，还是以后继续观察吧。处理好我的肚子之后，换了一波人人给我又包又裹的，还在我肚子上压了个沙袋。下午 4 点多我才被推出手术室，妈妈和祺祺一下就迎过来，祺祺说爸爸抱妹妹上去了。

> 子宫肌瘤是女性生殖器官最常见的良性肿瘤。子宫肌瘤又称子宫平滑肌瘤，由平滑肌及结缔组织组成，多见于30-50岁妇女。

"惨绝人寰"的压肚子

回到病房，护士和老公一起把我抬上床。护士开始给我宣讲：要平躺 6 个小时，不要垫枕头，不可以动；6 个小时以后可以喝一点点水，12 个小时以后，就是明天凌晨 4 点 20 分，可以吃一点白粥；那时能翻身就要多翻身，沙袋掉了也不用管，另外止痛泵是自动的。接着又对老公讲了一些医院陪护的规定，比如一次只能进一人，晚上 9 点以后不能换人等。讲完了以后，我问老公宝宝呢？他说宝宝被抱去检查了。

我的左手输着液，右手夹着血压自动测量仪。过了也就半个多小时，来了个护

士，跟我说要按我的肚子，按的是肚脐下面，我觉得应该是宫底的位置。虽然麻药的劲儿还没过，但还是感到疼啊！我叫了几声，护士说不要喊。后来我才知道，这只是噩梦的开始啊！她按的时候，我就感觉下面流出了好多血。上一次有没有，我实在是记不住了。

宝宝被抱过来了，护士说没什么问题，该吃奶了，护士还教老公如何抱着宝宝吃奶，我也挺争气的，宝宝一吃奶就来了。小家伙吸了两口就不吃了，睡着了。宝宝睡安稳后，老公出去换我妈进来。妈妈出去换了爸爸进来看，这时祺祺可着急了，因为病房内不让小孩进来，因此她只能等我们出院才能见到妹妹了。

爸爸妈妈带着祺祺回家去了，我继续平躺中。不知过了多久，护士又来了，又要按我的肚子。这次真"坑姐"啊，因为麻药劲儿过去大半了，那叫一个疼啊！大家可以想象一下，肚皮上刚被割了一条10厘米长的刀口，子宫上也有一个！平时手上有个小口子，如果去按我们都感到疼，别说是子宫了！此刻我就毫无顾忌地喊开了。一阵按压之后，我感觉下面又哗哗地流了好多血。上次按之后好不容易我才觉得不疼了，这一阵按我又得恢复好久。

又过了一个小时，来了个护工帮我换纸。她的动作太熟练了，果然还要请人。后来护士又来按了两次我的肚子，弄得我看到护士就怕了。

输液足足用了6个小时，撤掉的时候护士跟我说要多喝水，还给我关了尿管，说尿急了要喊人，提前练习一下憋尿，为明天撤掉尿管做准备。疼得要命的我，躺着不能动，还要哺乳，宝宝啊，妈妈多伟大啊！长大以后要对我好啊！

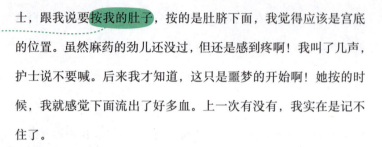

剖宫产后恶露也需要从阴道排出，但是没有顺产后排出那么顺利，所以医院会采取按压子宫底部、在下腹部压水袋或沙袋等方式来促进恶露排出。恶露排干净了有利于产妇身体和身材的恢复。

一整晚我都疼得睡不着，到了第二天早晨，终于熬过了手术后的12小时，勉强吃了些粥。上午8点至10点是医生查房的时间，整个13楼静悄悄的。我看着床边熟睡的宝宝，她太乖了。之前还在担心提前剖宫产我没有奶，可奶说来就来了。

排气原来这么难

上午8点15分，查房的医生把我的导尿管拔了，拔的速度很快，除了有一点不适应我倒没觉得疼。医生让我多喝水，尽快下床排尿，否则是要重新把尿管插上去的。护工阿姨马上给我洗脸、擦身，换了一套干净衣裤，并换了垫巾，做好换药准备。上午9点，来了两个医生，她们给我的剖宫刀口换了药。9点30分来了一个小护士，她在我肚子上、胸上贴了好几个磁片，说可以帮助排气和疏通乳腺。这个做了半个小时。舒服是很舒服，可是子宫收缩还很疼。做完了这个，又开始输液，这一次输了3个多小时。

下午医生过来非让我下床溜达，尽快排气……我做出很虚弱的表情说："啊，医生我下不了地。"医生说："越早活动好处越多，你排尿了没有啊？"我说："排了。""排气了没有啊？""还没有。""那你赶紧的啊，多运动，让家里人煲些萝卜水给你喝……"

医生走后，我就在我妈的帮助下，哆哆嗦嗦地坐起来，太疼了。本来我想自己扶着床边坐起来，可根本做不到。我妈就把床摇起来，我再慢慢把腿移到床边，整个下地的过程让我痛苦万分，我的腰根本直不起来。我用手捂着肚子勉强在地上站了一会儿，又走了两步，上了个厕所。我妈让我多走几步，可我真的走不动了，赶紧回到床上。平躺了会儿，我感觉我背后好像有什么东西咯着，

> 剖宫产的产妇使用了麻醉药物，这种药物会抑制肠蠕动，从而引起不同程度的肠胀气。尽早活动能够增加肠道蠕动，促进排气，还可以预防肠粘连等。一般术后恢复知觉后产妇就可以适当活动肢体，24小时后可以练习翻身、坐起，并下床活动。顺利排气了就意味着肠道蠕动功能已经恢复了。

> 前几年医生会让患者喝萝卜水排气，现在一般不建议喝萝卜水，因为可能会加重肠胀气。促进排气的最好方式是多活动。

让我很不舒服。原来是止痛泵的另一头还插在我的脊椎那里呢！我说这个600多元的东西到底有没有用，怎么我还那么疼，干脆撤了算了。医生说药液还没滴完，时间到了麻醉师会来的。

产后的第二天，也就是住院的第四天，医生来查房的时候告诉我，如果我还不排气，就要给我用开塞露了，且明天（住院的第五天）上午9点30分前必须办完所有出院手续。我昨天才刚拔尿管，开始试着下床走路，腰都直不起来，今天就要我立刻排气、开始饮食，还赶我出院了。我问医生："那伤口的线怎么拆呢？" 医生说，术后8天到门诊挂产后复查号复查时再拆……我当时听到就要晕了，这么麻烦啊！

气排完了，奶也下来了

这次生二胎，我也算是一把老骨头了，忍耐力更差了。可是没办法，我只能咬着牙，多下床活动。左手上的置留针管还插在那里，稍微一用劲，就直冒血，一天下来手肿得像馒头一样。小护士说还有针要打，置留针管还不能拿掉。

10点多的时候，有护士来问我做不做理疗，属于自费项目，可以帮助排气。这个还真有效，半个小时下来，肚子里就咕噜咕噜地响。我赶紧抓住扶床的扶手翻了个身，立马就排气了，太好了，不用开塞露了。

中午，我一口气吃了三个白面馒头，又喝了几大杯开水。下午，我的乳房就开始发胀。我觉得自己的体质很好，馒头都可以发奶。这下新的烦恼又来了，萌萌一直睡着不醒，奶水排不出去到晚上乳房就有硬块了。

晚上我仍旧睡不着，住院这几天的一幕幕涌上心头，病房里来来往往的妈妈们、吵吵闹闹的宝宝们，让我这些天没有一个晚上是睡得安稳的。我的妈妈、婆婆和老公每天都跟打仗似的来来回回跑，所以快点出院也挺好，我迫不及待地想要享受我的"土豪"月子生活了。

剖宫产手术表皮的伤口一般在术后5-7天即可拆线，具体情况视伤口恢复状况而定。如果是可吸收的缝合线或者是无线缝合，就不需要拆线，一般完全恢复需要4-6周。

通常排气后1-2天，应进食营养易消化的半流食，比如蒸蛋羹、面条、粥等。

医生小科普

认识剖宫产

　　剖宫产是指在分娩过程中,由于准妈妈及胎儿的原因无法使胎儿自然娩出而由医生采取的一种经腹部切开子宫取出胎儿及其附属物的手术方式。剖宫产不能代替阴道分娩,在医学上有严格的适应证。

　　自然分娩的产妇产后恢复快,而剖宫产的产妇则产后恢复慢。自然分娩的婴儿也比剖宫产分娩的婴儿拥有更强的免疫力。

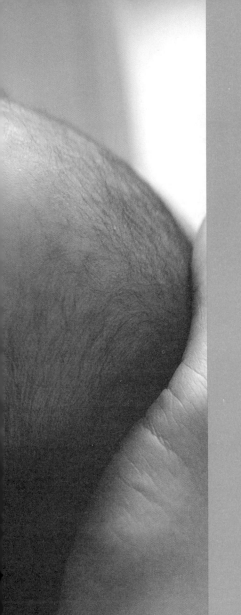

喂养篇

吃什么，怎么吃，与宝宝的身高、体重、免疫力、智力发育等息息相关，因此，宝爸宝妈对于宝宝的喂养尤为重视。但由于宝宝们存在个体差异，在喂养的过程中，宝爸宝妈难免会遇到很多不能仅仅靠"用心"和"爱"来解决的问题。此时，通过借鉴别人的经验，让宝宝的喂养过程少走弯路，无疑也是育儿的另一种捷径。

痛彻心扉的开奶史和乳腺炎

叙述者 / 果果妈（内蒙古包头）
宝宝 / 果果（4个月）

我一直理所当然地认为，开奶喂奶应该是件水到渠成的事，根本不用担心。没想到的是，开奶竟然比剖宫产和产后在刀口上压肚子还让我痛苦。

分娩后第二天的早上，我躺在床上晕晕乎乎的，朋友介绍的催奶师来了，说早点开奶好让宝宝早点吃上母乳。揉完乳房后，催奶师说要多让宝宝吮吸，也可以用吸奶器多吸吸。这时候我的身上还插着针管，整个人也打不起精神，就想睡觉，也就没用吸奶器。我妈惦记着让宝宝吃母乳，倒是抱着宝宝来吮吸了两次，可因为我躺在床上不敢乱动，感觉宝宝吮吸的姿势也很别扭，所以这两次好像宝宝也没吸到奶，反倒被折腾得哭了一会儿。

我迷迷糊糊地又睡过去了，等快到了中午，忽然觉得乳房有点胀胀的感觉，便赶紧让老公看了下，谁知老公语出惊人："你这乳房都硬得和石头差不多了。"那时我还没意识到即将到来的痛苦，心里还暗自高兴，这下有奶水了，我的宝宝可以吃上营养的母乳了，便赶紧让老公把宝宝抱了过来。

> 分娩后半个小时左右，即使乳房还没有开始分泌乳汁，妈妈也要让宝宝吮吸乳房，至少两小时吮吸一次，一次吮吸20分钟左右，两侧乳房轮流吮吸，这样有助于尽早开奶。

> 剖宫产术后头几天，妈妈伤口疼痛得几乎难以动弹，这时可以用躺喂法。具体方法是：妈妈在床上侧卧，让宝宝的头枕在妈妈的臂弯上，让宝宝的嘴靠近妈妈的乳头，使宝宝的嘴与妈妈的乳头保持水平。妈妈再用枕头支撑住自己的后背以及头部。这种姿势最有利于妈妈休息，对于剖宫产以及会阴侧切的妈妈来说最为舒适，只是中途要抱起宝宝拍嗝。如果无法独自完成哺乳，一定不要逞强，需要喊家人或者护工帮忙调整宝宝和自己的姿势，使自己处于一个相对舒适的状态。

"天杀"的揉奶

妈妈和老公全力协助,但是宝宝根本含不住乳头,因为我的乳房太硬了!可怜的宝宝,又饿又吃不着,哇哇大哭,我也被弄得一身汗。这个时候,乳房开始痛起来,我心里又急又慌,赶紧让老公打电话联系催奶师。

看到催奶师,我好像看到了救星,谁知道催奶师来后一顿揉,"天杀"的,我疼得也不顾形象了,哇哇大哭。一通折腾后,总算出来了点奶水,但是我的乳房仍然胀。催奶师临走时嘱咐:"一定要勤用吸奶器吸,最好1~2个小时吸一次。"

用吸奶器吸奶的过程,那种痛楚真的无法言表啊,我曾经看到有妈妈形容这种感觉:"就好像有人在你最柔软最致命的地方拿刀轻轻地割着,那种疼细细的、尖尖的,好像一下子就深入骨髓。"我觉得用在此刻的我身上再贴切不过。因为太疼,我自己下不了手,我妈妈更下不了手,只好换我老公上,疼得我惨叫连连,但是效果不大,乳房依然又胀又硬,我感觉自己快要崩溃了。到了晚上,乳房再次硬得跟石头一样,摸上去有些烫手,稍微碰一下就会有钻心的疼痛,我只好又打电话向催奶师寻求帮助。这次换了一个催奶师过来帮我疏通,经过一个多小时的折磨,我的乳腺管终于通了。

在乳腺管通畅时使用吸奶器可以促进乳汁分泌,保护乳头不受损。但是,当乳汁淤积的时候不建议使用吸奶器,此时使用吸奶器很可能会损伤乳腺组织,就像已经打结的线团,若再用力去抽,只会让结结得更厉害。

遭遇急性乳腺炎

开奶的经历让我对乳房有了新的认识,但是一向粗心的我还是对宝宝的这个"粮袋"不够重视。我以为开奶成功后,就不会再有什么问题了,这是多么天真啊。

月子眼看即将过去,我还计划着出月子后做点自己的事情呢,

结果有一天我发现自己的体温突然升高,用体温计一量,都飙升到39℃了。这下奶是不敢给宝宝喂了。虽然是大夏天,但我仍然觉得浑身发冷,身上盖了好几条棉被。然而奇怪的是,我没有出现除发热以外的任何感冒症状,不咳嗽,喉咙不疼,也不流鼻涕。

妈妈提醒我还是去医院看看吧,到医院医生量了体温后说需要输液退热,我告知医生,我还处于哺乳期。医生一听,连忙问道:"你乳房有什么感觉没?"经医生这么一说,我才想起来,右边乳房又硬又痛。医生说:"你这就是急性乳腺炎引起的发热,再不处理就可能化脓和感染了,光是输液退热也没有用,还会反复,必须把乳房中的硬块揉开才行。"

我头皮一阵发麻,再也不愿意见到的催奶师又被请到了我面前。这次揉硬块比开奶的时候还要痛上几倍。我没忍住,仍然哭得稀里哗啦。医生在我离开时特别叮嘱过,作为哺乳期的妈妈,平时一定要注意检查乳房,观察有没有硬块,如果有就要及时揉开,否则乳腺炎说来就来,一刻也不等的。我这还算是比较轻微的乳腺炎,硬块揉开后很快就退热了。据说很严重的乳腺炎是需要手术治疗的,我在庆幸自己又过了一道坎时才真正明白什么叫作当妈不易啊!

注意乳房的清洁和避免乳汁淤积可以预防急性乳腺炎。

医生小科普

哺乳期感冒发热了还可以哺乳吗

如果哺乳期发热但是温度低于38℃，喂奶是没有问题的。如果超过38℃，需要暂停喂奶，同时每天保证挤奶3次以上，以维持乳房的泌乳状态。体温超过38.5℃时，需要服用退热药。一般情况下，正规医院的医生在得知患者正处于哺乳期的时候，开出的药物能通过母乳传给宝宝的药量非常小，不会对宝宝产生影响，但是为了安全起见，妈妈最好在服药前给宝宝哺喂一次，在服药后挤掉一次母乳不要，保证服药4小时后再哺喂。

乳汁淤积了怎么办

乳汁淤积比较常见，对于并不严重的乳汁淤积可以参照下面的方法将其揉开，对于严重的乳汁淤积（出现发热症状），要立刻就医解决。

乳汁淤积，即乳房出现硬块时，可以用40℃左右的毛巾热敷，然后一手扶着乳房，以另一手掌小指侧面部分（或者大拇指下方的部分），自乳房根部向乳头方向按压，可能会比较疼，按压几次后再用拇指及食指捏住乳晕部分向乳头方向挤压，把淤积的奶水挤出来。一定要边揉边挤，挤出奶水后硬块才会消失。如果奶水挤不出来，可以用五指从乳头方向抓住整个乳房轻轻摇晃，然后再尝试擀压和挤奶水，如此反复。揉的时候力度要适当，时间控制在1小时以内。

急性乳腺炎的症状及防治方法

急性乳腺炎通常发生在产后1~2周，习惯以一侧乳房喂宝宝的新妈妈感染率更高。产后的急性乳腺炎可以分为三个阶段。

第一阶段：奶水淤积成肿块期

淤积性乳腺炎是因为妈妈在哺乳时，乳汁没有排空，遗留在乳腺内发生分解，从而刺激乳腺发炎引起的。主要表现是乳房的某一部分，通常是外上象限或内上象限突发肿硬胀痛，边界不清，多有明显的压痛，同时伴有轻度发热。这个时候如果及时排出淤积的乳汁，症状就会得到缓解。

第二阶段：脓肿形成期

乳房肿块逐渐增大变硬，疼痛加重，多为搏动性跳痛，甚至持续性剧烈疼痛，乳房局部皮肤发红、灼热。全身高热不退，伴有同侧腋窝淋巴结肿大等。红肿热痛2~3天后，肿块中央渐渐变软，有波动感，红肿发亮，皮肤变薄，周边皮肤大片鲜红。此时，保守治愈的时机已过，需要医生切开脓包排脓引流。

第三阶段：脓肿溃后期

如果引流通畅，则妈妈肿消痛减，体温会恢复正常，经过换药，大约一个月内创口逐渐愈合。如果溃后脓出不畅，妈妈会持续肿痛，并且高热不退，那就代表已转成慢性乳腺炎，也会形成乳瘘，即有乳汁伴脓液混合流出。在这种情况下，妈妈需要放弃母乳喂养并在医生的指导下采取积极的回奶措施。

怎样预防急性乳腺炎？橘核用水煎服，可以预防妈妈产后乳汁淤积，具体用量可以咨询中药店的医师。

急性乳腺炎需要停止哺乳吗

急性乳腺炎属化脓性的或有皲裂的则一定要停止哺乳，非化脓性的或只是单纯红肿的就一定要继续坚持哺乳。为了避免病后无乳，治疗期间可用吸奶器先将乳汁吸出。

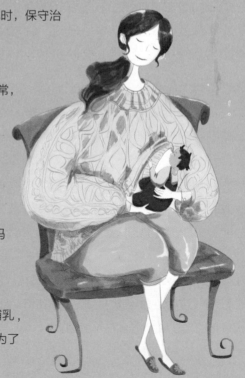

母乳喂养之催乳成功记

叙述者 / 豆丁妈（安徽黄山）
宝宝 / 豆丁（4个多月）

我还在孕期的时候，很多人就忧心忡忡地跟我说："你得把自己吃胖点，要不宝宝生下来后，奶水会不够吃的。"老公也总是取笑我说："你那么小的胸，要不宝宝出生后我负责产奶吧。"我对此倒不太在意，我觉得，实在没有奶水，配方奶喂养也未尝不可，这么多配方奶喂养的小宝宝，不都聪明伶俐吗？更何况配方奶在某种程度上也可以解放妈妈，我的几个要好的女性朋友，有宝宝后，每每外出几小时，不是奶胀得受不了，就是接到"妈妈喊你回家喂奶"的"夺命"连环电话。所以，对是不是母乳喂养，我其实没有执念。

> 乳房大小和乳汁分泌的多少没有必然联系，乳房小的妈妈也能分泌足够的乳汁喂养宝宝。

等待下奶的过程好漫长

因为宝宝宫内缺氧，还没有到预产期我就采取剖宫产了。护士将宝宝抱过来，跟我讲了很多母乳喂养的好处，特别打动我的是，宝宝可以通过妈妈的乳汁获得抗体，免疫力会大大提升，很少生病。那时柔软而美好的小豆丁就趴在我胸前，呼吸均匀，

偶尔睁一下眼睛，又放心地闭上继续睡。我的心一下子变得像天鹅绒一般柔软，从此我坚定了母乳喂养的决心。我怎能不给他最好的食物呢？

我是上午 10 点做完手术的，到下午 1 点，就有催奶师过来给我按摩乳房。按摩完了催奶师叮嘱我，一定要每两个小时让宝宝吮吸一次，最好每侧都吮吸，一次吮吸 15~20 分钟；宝宝不吮吸的时候，自己也可以用手打圈按摩。

喂奶的时刻，我算是真正体会到了剖宫产对于妈妈是"秋后算账"的说法。我在老公和婆婆的帮助下努力侧过身子，刀口那儿立刻"传来"撕心裂肺的疼痛。婆婆将宝宝抱过来，我把宝宝搂在胸前，好在宝宝比较会吃，他把乳头和大部分乳晕含在嘴里，很用力地吮吸着。老公说："这傻小子，没奶也吸得满头大汗。"每次吮吸完后，宝宝都会哇哇大哭，因为我的乳房里根本没有奶水呀。

> 妈妈要注意在哺乳时避免让刀口受到牵扯。如果独自无法完成哺乳，一定不要逞强，可以喊家人或者护工帮忙调整哺乳姿势。

到凌晨 2 点的时候，我又痛又困，乳头像是要破了，与之相比，刀口的疼痛似乎都可以忽略。每次婆婆把宝宝抱过来，我都会因为害怕即将到来的疼痛，浑身紧绷。也许是因为吸不到奶水，宝宝感觉饥饿，一整个晚上都在拼命号哭，一直到后来嗓子沙哑。而医生、护士过来查房时，经常叮嘱我们："在开奶前不要喂代乳品，水都不行。"到凌晨 4 点的时候，我跟婆婆说，我觉得这样不行，病房暖气这么足，我们得给宝宝喂点水。于是我们把病房的门反锁起来，以防医生突然检查后数落我们，然后用勺子给宝宝喂起了白开水。宝宝一边喝一边使劲咂吧嘴，似乎是尝到了人间最美味的食物。我有点心酸，跟婆婆说："是不是我真的太瘦、乳房又太小导致没奶水呢？"婆婆说："瞎说，我当年也是又瘦胸又小的，那时候奶水多得喝不完还要倒掉。你别着急，哪有一生宝宝就有奶的。"

> 下奶前给不给宝宝喂母乳以外的食物的说法不可一概而论，要看宝宝的表现，若宝宝出生后体重下降大于出生时体重的7%，则需要额外添加配方奶。

好不容易熬到第二天，哭了一晚的宝宝终于甜甜地睡了。上午的时候，宝宝醒来后照例要吮吸，我的乳房还是软软的，乳头也被吮吸得钻心痛，可是奶水还没有下来。就这样一直到晚上，因为医生叮嘱产后头几天<u>不能吃太过营养的东西</u>。自排气后，我便开始吃小米红糖粥、米酒蛋汤、骨汤青菜面等清淡的东西，吃得肚子都有些胀得难受了，可仍然没有要下奶的迹象。

> 产后前两天乳腺管还没有完全畅通，过早喝催乳汤很可能导致新分泌的乳汁淤积，造成积奶。一般来讲，产后第三天再吃营养的东西比较好。

每次宝宝吮吸后哇哇大哭时，我就懊恼得想要放弃。这时，隔壁床的妈妈说："你们要是不介意的话，我给他喂点奶吧。"我一阵惊喜，让婆婆赶紧把宝宝抱过去，听着宝宝咕嘟咕嘟的咽奶声，我欣慰之余又有点小失落。第二天晚上，因为太过疲累，再加上宝宝终于吃饱了一顿，整个晚上都没怎么闹，我也没怎么让宝宝吮吸。

第三天上午，我的乳房突然有种麻麻酥酥的感觉传来，因为没有穿内衣，不一会儿，我的睡衣上就湿了一小片，乳房也变得略微硬了起来。我开心极了，大声喊："下奶了，下奶了，快，抱崽崽来吃人间第一补品，他妈妈的初乳。"然而，宝宝还在睡觉。我跟老公说："要不拿吸奶器过来吧，吸出来用勺子喂给宝宝吃，不是说奶水越吸越多吗？"我俩一顿忙活，看着一滴一滴黄黄的、黏稠的乳汁慢慢流到奶瓶里，心里别提多高兴了。

然而，努力了30多分钟，才吸出来5毫升。这个时候宝宝醒了，老公赶紧将奶瓶里的奶水倒在勺子上喂给宝宝，让我欣喜的是，他吧嗒着小嘴全吃光了。

下午，宝宝终于趴在我胸前吃到了妈妈的乳汁，小脸上全是满足，那咕嘟咕嘟的咽奶声简直是全世界最动人的音乐。

奶水不足，要不要加配方奶

接下来的两天，宝宝都在吃我的奶水，不够的时候就靠邻床的妈妈"接济"。第五天，邻床的妈妈也出院了。这个时候我才意识到，我的奶水严重不足。每次乳房被吸得瘪瘪的，宝宝还咬着不肯松，强行让他吐出乳头，他就哇哇大哭。而下一次宝宝想要吃奶的时候，我的乳房常常还是软的，宝宝吮吸的时候，刚开始我能感觉有一点奶出来，但是不多会儿就没了。

屋漏偏逢连夜雨，因为家里还有一些事情，需要婆婆去办理，病房里只有老公照顾我和宝宝，我更加休息不好。一股很莫名的情绪涌上来，我开始暗暗自责，我怎么这么瘦？我的乳房怎么这么小？特别是宝宝沙哑着嗓子哭的时候，我更是眼泪止不住地流，我唤来老公说："要不，我们给他加一点配方奶吧。"老公给我打气，说："咱妈不是说了吗？头几天奶水少正常，你做了手术，气血虚，又没休息好，等过几天就好了。要是加了配方奶，慢慢地宝宝就全部依赖配方奶了。"

我尝试过的花样催乳食谱

就这样又熬了两天，住院一周，终于可以出院了。回到家，躺在婆婆收拾好的卧室里，我整个人都放松了一些。整个月子里，我特别感谢婆婆，为了保证我晚上的休息，她把宝宝抱在自己身边睡，只有需要吃奶的时候才给我送过来。我想如果不是这样，我吃再多有营养的东西，也难以当一头合格的"奶牛"。

回家第一天，少食多餐，我一天吃了五顿。第一天我吃了鲫鱼豆芽汤、黄花菜炖鸡汤、酒酿鸡蛋、青豆虾仁等。可能是因为喂奶消耗大，我每次吃饭的时候都感觉饭很香，加上不明原因的

> 情绪不稳定的妈妈气血运行不畅，这时如果宝宝的有效吮吸不够，奶水就容易淤积在乳房里，时间一长就容易结块。所以心情不好的妈妈，不但奶水少，并且易堵奶。心情不好有些是家庭琐事引起的，而有些是因为产后激素变化引起的，无论是哪种原因造成的心情低落，妈妈都应及时调节。

> 已经下奶但奶水不足时，不需要急着给宝宝添加配方奶，但要注意让宝宝多吮吸，同时妈妈要保证休息和营养。

口渴，吃完饭后，我都会喝上 1~2 大碗汤。但是这样大批量的营养物质进入我的身体，却没有转化成奶水产出来。

婆婆除了变着花样给我更新食谱，还到处打听下奶的偏方。排骨山药汤里，她会给我加入通草，也会像哄小孩一样哄我吃下油腻腻的猪脚汤，小米红糖粥我更是早一碗晚一碗地喝。

我的奶水逐渐多了起来，但是还不够宝宝吃，感觉就差一顿。傍晚 5 点左右宝宝要吃奶，但是我的乳房还不胀，宝宝吃完后不肯松开或者吐了乳头哇哇大哭。几经犹豫，婆婆和老公都同意了我的建议，傍晚的时候给加一次配方奶。然而，好像是老天也不想让我家宝宝混合喂养，宝宝尽管饿得哇哇哭，对奶瓶却完全抵触，他连吸都不想吸，别无他法的我们只好在努力进食的同时，继续寻觅催乳秘方。

> 我们再三提醒产后妈妈，比较油腻或者营养特别丰富的催乳汤，不宜太早喝，一定要在产后乳腺管完全畅通的情况下才可以食用，帮助产奶。

> 产后食用红糖的时间不宜超过10天，因为红糖有活血化瘀的功效，长期食用可能会造成恶露不尽。

气血旺，奶水才会多。月子里，妈妈可以多吃一些补气血的食物，如红皮花生、莲藕、山药、红枣、桂圆、黑芝麻、羊肉、牛肉等。

后来表妹来家里玩，说起她的一位同事也奶水不够，去看中医，中医开了一款催乳汤，她喝了之后奶水就神奇地多了。我一下跟被点醒了一样："我怎么忘记了万能的中医啊。"正好公公有个中医朋友，便赶紧打电话咨询，说了我的情况后，中医说应该跟我身体偏瘦，又是剖宫产，气血有点虚弱有关系。但是哺乳期，他不建议我吃中药调理，就给我写了个方子，里面都是补气血的食材。我记得有桂圆、红枣之类的，中医说放在每天要熬的汤里一起煮了吃就可以。他又建议我将黑芝麻炒熟后磨成粉，搭配核桃等坚果一起吃更好，每天吃2勺。

这样吃了一周多，在我即将出月子的时候，我发现自己的奶水够宝宝吃了。虽然有个妈妈跟我同样，也是月子里宝宝不够吃，但出月子就够了，但我还是愿意把奶水够吃的功劳归到那位老中医的妙方上。

现在经常会出现我已经胀奶了但是宝宝还没饿的情形，我的奶一阵一阵来，衣服湿一大片。其他妈妈遇到这种情形的时候特别烦，但是我却觉得特别满足和自豪，虽然我很瘦，虽然我的胸很小，可我不但可以喂饱宝宝，还有多余的奶水可以挤掉。

一转眼，宝宝已经4个多月了，我天天抱着宝宝在怀里吃奶，看着他一天天长大，原本还觉得喂不喂母乳无所谓的我，现在真的特别珍惜这样的亲子共处时光。因为在吃奶的时候，我能感觉到我和宝宝的心是连在一起的。

医生小科普

如何判断宝宝是不是饿了

第一，张嘴寻觅或者吮吸衣物等。觅食是新生儿天生的本领，即他在清醒时，一旦觉得饿了，便常常张着小嘴左右寻觅，或吮吸临近口边的被角、衣角、衣袖或手指等。如果有人用手指动他的嘴巴，他会马上张开嘴，跟着手指转动。当妈妈把乳头送到他的嘴边时，他会迫不及待地衔住乳头，满意地吮吸着。

第二，睡眠变浅，睡梦中有吮吸动作。熟睡中的宝宝如果感觉饿了，会从深睡眠状态转入浅睡眠状态，时而还会短暂地睁开闭合的双眼，眼睑颤动，有时在睡眠中会有吮吸动作。

第三，哭泣。宝宝会发出短而有力、比较有规律的哭声，一般发生于妈妈未能发现和理解宝宝的上述"求食"欲望时。

新生儿2~3天不吃也能保持健康

新生儿在出生后的2~3天时间里，不吃东西也能保持健康，因为他们在出生前就已经在身体里储存了足够的能量供他们消耗直到母乳下来。更何况在宝宝吮吸的过程中，妈妈多少还是会分泌一点乳汁的，小宝宝的胃容量也很小，所以通过频繁的吮吸基本上就可以满足宝宝的吃奶需要。

难忘的追奶经历

叙述者 / 藏小猫（山东青岛）
宝宝 / 小肉包（1岁）

小时候追鸡赶鸭，长大追剧追星，连老公都是我自己主动追的。有时候跟朋友开玩笑说，可能就是因为我这个人喜欢追，所以哺乳期时，我才会有那么多次追奶的经历。现在说起当初追奶的过程很轻松，但个中艰辛，也只有追过奶的妈妈才能理解。

第一次追奶，月子里

宝宝出生后不到1天，我就下奶了，同病房的妈妈里，我算是下奶很快的。但是产后第二天，医生来检查宝宝的时候，跟我说宝宝黄疸过高，需要进医院的保温箱。就这样，我的小肉包才在妈妈身边待了一天一夜，就被抱走了。

因为奶水下得早，宝宝抱走后，我就开始胀奶。期间有医生过来跟我说，宝宝不吃奶的时候，要把奶水挤掉，可以用手，也可以用吸奶器。我先试着用手挤了挤，很累，手腕都快要酸断了也没挤出来多少。因为没有经验，也仗着自己下奶早、奶水多，颇有那种优等生的优越感，我心里觉得这不是个问题。当胀到有

> 下奶后，宝宝因为某些原因无法吮吸妈妈的乳房，妈妈需要用手或吸奶器将奶水挤空，避免回奶或者奶水淤积造成乳腺炎。

点痛的时候我才挤一会儿，没那么难受时就不挤了。胀了两天后，我感觉奶水减少了，基本都不怎么胀。等我家小肉包被从保温箱抱回来，晚上吃奶的时候问题来了。她吃了很久，我一直都没有出现第一天喂奶时的奶阵，而且我也没听到宝宝有那种咕嘟咕嘟大口咽奶的声音。宝宝吃奶的样子变得很着急，一副急切想吃到什么却总也吃不到的样子。

> 哺乳时，妈妈会有乳房突然间麻麻胀胀的感觉，宝宝的吞咽速度加快，发出咕嘟咕嘟的声音，另一侧乳房的乳汁呈喷射状或快速滴水状流出，这个时候，往往就是奶阵到了。

妈妈有点担忧地跟我说："莫不是回奶了？"我这才开始着急起来，因为之前就一直打定主意要母乳喂养，可现在没有奶水了，可如何是好？

> 回奶指乳汁明显减少甚至不再分泌乳汁。

跑去咨询医生，医生说："也有回奶的妈妈追奶成功的，只是妈妈要辛苦一些。"我听到还有母乳喂养的希望，心里有了一丝安慰，那时还没有意识到追奶原来这么辛苦。

因为基本没奶了，所以宝宝根本吃不饱，不得不加配方奶，而加了配方奶后，宝宝又不是很愿意吮吸我这没什么奶水的乳房，吸两口就不吸了。我便想了个办法，在她饿得着急的时候，不给喂配方奶，只让她吃我的奶。但事实证明这是个馊主意，饿得着急的宝宝不但不吮吸我的乳房，反而哭得小脸发紫。这个时候内心真的想放弃母乳喂养，反正她吃配方奶也吃得挺好，可是我还是不甘心。

后来，妈妈跟我说："你下奶早，开始奶水也多，证明体质好。这次回奶就是因为没有多吸多挤，咱想办法慢慢来。"于是，在宝宝不太饿的时候，如果她不拒绝，我会让她吮吸一会儿乳房。每次宝宝吸完奶，我感觉奶水好像排空了，就再用吸奶器吸一阵，等用吸奶器也吸不出来的时候，我就用手顺着乳腺的走向从乳房根部朝乳头方向按摩，然后再用吸奶器吸，如此这样重复几次。

> 即使乳房软软的，妈妈也要让宝宝勤吮吸，吮吸会促使奶水分泌量增加。

之后我感觉乳房越来越软，然后放松平躺，让妈妈准备一盆温水，沾湿毛巾后热敷乳房好几次，之后再按摩。

就这样，每次喂完奶都重复这道程序。说起来简单，做起来的时候真的觉得是个大工程，不过确实有效果。刚开始，小肉包的口粮基本靠配方奶，慢慢地，变为每天加三次、加两次、加一次，到我出月子的时候，就已经实现全母乳喂养了。

追奶成功！

第二次追奶：小肉包3个月

说起来，我是个不长记性的人，或者说，是"优等生"心理作怪，我下奶早，奶水又多，虽然因为小肉包住保温箱，我有过一次回奶经历，但是，我追回来了呀！而且现在，我的奶水还特别多。所以，当身边带宝宝的朋友跟我说，酸的不要吃，冷的不能吃，还有韭菜、巧克力等回奶的食物都不要吃时，我不以为然。因为我都吃过，但也没有回奶啊。我还以我的经验告诉她们：是你们自己太小心了，其实都能吃，心情好、休息好、吃嘛嘛香，这就是产奶秘诀。我也更认定，有些妈妈就是吃啥都不回奶、吃啥都有奶的，而我就是那一类妈妈。

> 食物是否会造成回奶因人而异。但建议哺乳期的妈妈适当忌口，不吃刺激性太大的食物。

所谓"骄兵必败"，很快我就第二次回奶了。那时宝宝3个多月，她的食量明显大了起来，而我的奶水好像比前面几个月还少了。到宝宝快4个月的时候，又需要加配方奶才能喂饱了。先是一天加一顿，慢慢变为一天加两顿。很显然，第二次回奶了，身为产奶"优等生"的我再次遭遇打击。

我开始动摇，过完 4 个月，我就该去上班了，想着要不就这么断了母乳也好。但是，另一个声音在我脑海里响起："不，既然母乳是最好的，我们家小肉包就得吃母乳！"

我开始仔细审视自己的生活习惯，因为有妈妈帮忙，休息一直都不错；再加上平常神经大条，开朗乐观，心情也很好；唯一能影响我产奶的，就是饮食了。分娩后，我基本没有忌口，想吃啥就吃啥，肯定是这个影响了我的奶水。趁着还没有完全回奶，赶紧调理应该来得及。我赶紧向之前那些说哺乳期吃东西要忌口的朋友们取经，开始关注起了自己的饮食。

除了在食谱里有意识地加上猪蹄、通草、黄花菜、花生、虾仁等下奶的食物外，烧烤、韭菜、冷饮等，都从我的饮食清单上剔除出去了。

对一个吃货妈妈来说，忌口真是一件很痛苦的事情。炎炎夏日，谁不想喝上一杯清凉的酸梅汤？晚风习习，跟朋友偶尔放风，谁愿意在路边看着别人撸串？可是有什么办法呢？谁让我家还有个心肝宝贝小肉包嗷嗷待哺呢。

果然，饮食调整了一段时间后，我的奶水又慢慢多了起来，配方奶也开始慢慢减少，到后来完全不需要再添加了。

第三次追奶：小肉包6个月

小肉包 4 个月的时候，我开始上班。好不容易追回了奶水，让我放弃母乳喂养我自然是不甘心的，因此，我成了一名光荣的"背奶妈妈"。

分娩后，能影响下奶的因素有很多，产后妈妈自身的体质好坏、休息是否充足、营养是否全面、情绪是否良好等，都会对奶水的分泌产生影响。另外，韭菜、巧克力、人参等有抑制乳汁分泌的作用，也最好不吃。

如果宝宝是混合喂养的，建议妈妈在每次哺乳时，先喂 5 分钟或 10 分钟母乳，然后再用配方奶来补充不足的部分，这种方式可以保证母乳的长期分泌。如果妈妈因为母乳不足，就减少喂母乳的次数，会使母乳量越来越少。

挤奶的间隔时间，要看妈妈离开宝宝多久而定。一般建议间隔3~4个小时，不要超过4个小时。

不建议妈妈服催乳茶来代替喝汤。因为催乳茶，尤其不是在正规医院或者药店买，而从网上购买的催乳茶，所含成分并不明确，有时候可能会含有一些对人体有害的药物，对母婴都不利。而用食物煮汤既无副作用又提供了营养成分，所以建议妈妈还是以喝汤催乳为佳。

上班后，除了早上、傍晚、睡前以及夜里可以亲自喂奶外，其他的时候，我需要用吸奶器把奶吸出来，然后用存奶袋将其储存在冰箱的冷冻室里。这样我不在家的时候，也能确保小肉包吃到母乳，感受到来自妈妈的爱。

我第三次遭遇回奶，就是在背奶期间，大约是小肉包6个月的时候。那些天，我们公司接了好几个大型的展览秀，作为布场人员的我，每天早出晚归，连喝水的时间都没有，就更别提挤奶的时间了。

我记得最忙的那几天，早上我出门时，小肉包还在睡觉，自然谈不上喂奶了。忙到中午，胸口硬得跟石头一样，碰一下都钻心地疼。只有那时，我才能利用午餐时间，躲在公司的一个小工作间里，用吸奶器将奶水吸出来。而等我晚上回到家时，小肉包又睡着了。忙完那几天，我被乳腺炎"找"上了，好不容易缓过来，却发现之前用吸奶器吸奶能轻松吸满200毫升的奶瓶，现在却只吸50毫升就没奶了，我再一次回奶了。

妈妈跟我说："你上班那么忙，就别辛苦了，反正小肉包也要加辅食了。"可是谁能理解我的感受呢？上班后，每天见到小肉包的时间很少，只有在喂奶的时候，我才能感受到母女之间那种亲密的联结，我舍不得断奶啊。

怎么办？继续追奶！

这次追奶没有前两次那么容易，我去医院咨询过医生，也在网上查了很多方子，甚至还在网上买过催乳茶，最后我选定了中药追奶加多吸的方法。

中医院的医生给我开了通草、王不留行、芦漏、黄芪等中药,再配上一只猪脚一起熬汤喝。每次都是早上熬好,全天就把这油腻腻的猪脚汤当水喝。在家里喝完后,我还要带一保温桶去办公室,每天大概喝1600毫升。喝了两天后,我实在有点受不了,妈妈就给我换了鲫鱼、黄豆等食材。这些食物中,黄豆对我来说是效果最明显的,基本上只要喝黄豆汤、吃黄豆,那天的奶阵就会多一些。

与此同时,只要在家,我就会经常抱着小肉包让她多吮吸,就算她当时并不饿。每次她吸完后,我还会继续用吸奶器吸上10多分钟,在家的话还会搭配按摩和热敷乳房,如果在公司就勤用吸奶器。一周后,奶量就上来了。

到现在,小肉包已经1岁了,也该断奶了,但我还是留恋给她喂奶的感觉。虽然经历了种种困难和艰辛,可是其中的幸福和喜悦,也只有身为母乳妈妈的人才能知道啊。

> 和开奶时要让宝宝勤吮吸一样,背奶妈妈要想维持母乳量,最好的办法就是上班时勤用吸奶器吸奶或用手挤奶,下班后及周末在家时多让宝宝吃奶。

医生小科普

哺乳妈妈的饮食禁忌

忌吃回奶食物	要避免吃会抑制母乳分泌的食物,常见的回奶食物有:韭菜、麦芽、花椒、大麦茶、人参、巧克力、麦乳精、茴香、麦片等。
忌吃辛辣刺激性食物	辣椒或者酒类等辛辣刺激性食物,不适合哺乳期的妈妈食用。因为这些刺激性的食物会通过母乳传递给宝宝,这对于身体发育未完全的宝宝来说,是非常不利的,严重的还会影响到宝宝身体健康。
忌吃腌制的咸菜、熏制的咸鱼、腊肉等	一方面是因为腌制的咸菜或熏制的咸鱼、腊肉并不营养,且含有致癌物质;另一方面是哺乳期的妈妈不可摄入过多的盐分,以防增加肾脏的负担,对妈妈和宝宝的身体造成影响。
忌吃高脂油炸的食物	油炸的食物脂肪含量很高,难以消化,且食物在油炸的过程中,营养元素会大量流失。所以,油炸食物不仅不能给妈妈补充营养,反倒会危害妈妈的身体健康。
忌吃味精	味精会与蛋白质作用,产生大量的谷氨酸钠,这种物质通过乳汁进入宝宝体内,会阻碍宝宝对锌的吸收。

母乳不足的表现

妈妈感觉乳房空。

宝宝吃奶时很费劲,吮吸不久便睡着了,睡不久又醒来哭闹。

宝宝吃奶时间长,用力吮吸却听不到其连续的吞咽声,有时突然放开奶头啼哭不止。

宝宝小便次数少,量也少;大便不正常,正常大便应为金黄色糊状,当妈妈奶水不足时,宝宝会出现大便秘结、大便稀薄、大便发绿或大便次数增多而每次排出量少等现象。

宝宝体重不增加或增加缓慢。

产假结束——背奶的日子

叙述者 / 阿紫子（广东广州）
宝宝 / 萌萌（4个月）

产假结束的日子如期而至，我带上提前收拾好的背奶装备出门的时候，萌萌睡得正香。宝贝，真是舍不得这么早离开你，你才4个月大点。

几个月没有走上班那条路了，车流越来越多，等到"小蛮腰"出现在眼前的时候，已经比我预计的时间多出了近20分钟。到了公司，大门口的保安都不认得我了，死活不让进，只得喊同事出来接我。虽然只有4个多月没来，但坐到位置上的时候还是有点陌生，好在大家很热情，跟他们一聊天，我的各种不适应才慢慢消除了。

一天下来，我感到自己真的很幸运。无论是领导还是同事都很关心我，问宝宝的情况，给我找了挤奶的地方，这可是解决了头等大事。

如果在家，我连一个小时连续的、属于自己的时间都没有。现在工作了，好像还有点时间留给自己呢！麻烦的事情就是吸奶，早上10点吸一次，中午1点吸一次，下午3点30分吸一次，一共吸了三次，然后冻在自己带去的车载小冰箱里。

> 吸奶的次数最好能与上班前在家给宝宝喂奶的次数一致，间隔时间也最好一致。一般间隔3~4个小时吸奶一次，这样既可以保证宝宝的口粮，也可以有效防止胀奶，让乳房保持产奶状态。由于每个妈妈的乳汁分泌会有差异，妈妈们也可以根据自己的工作安排和身体条件做出适当调整。

白天不吃奶，晚上补回来

萌萌如预想的那样，一个上午都没有吃奶，无比抗拒奶瓶，外婆用勺子喂了20毫升她就睡觉了。下午也还是不吃，看样子是要熬到我下班回家了。

我提早1小时下班，回到家，看到早上的100毫升奶还在温奶器里温着。小家伙呆呆的，呼唤她的名字也没反应，我心疼极了，赶紧抱在怀里让她吃奶。萌萌大概吃了1个小时，人都睡着了，嘴巴还咬得紧紧的。

晚上8点我就和她一起睡了，不过几乎是每隔1个小时她就要吃一次。我也跟着醒了睡，睡了醒，硬是躺到凌晨1点多才有机会起来洗澡。

第二天，我磨磨蹭蹭8点40分才出门。到了办公室后，坐我对面的同事说："舍不得出门吧！"我会心地一笑，两个大柚子奉上！大家其乐融融！

还是按照昨天的吸奶时间表，10点我开始吸第一次。按理说距离上一次喂奶已经有3.5个小时了，昨天这个时候吸出了200毫升，可今天我两边吸了40分钟才只有140毫升。我整个人变得好焦虑，奶水竟然少得这样快！我用手挤也没挤出多少。雪上加霜的是洗奶瓶的时候不小心把奶瓶给摔了！我想着中午干脆请假回家去，可是下午有个例会要开，我刚回来上班，如果例会缺席怎么都说不过去。熬到4点30分，会议一结束我就赶紧回家去了。

萌萌今天一滴奶都没喝，外婆说洗澡的时候发现萌萌后背上的肉疙瘩都平了，小家伙轻了不少。夜里也是如昨天一般拼命地吃奶，我也不管了，饿了一天的宝宝全靠晚上来补了，就是自己要辛苦一点。

对用奶瓶、勺子喂母乳都抗拒的宝宝相对少一些，一般宝宝饿了多少都会吃一点。这需要家长不断尝试。等宝宝适应了奶瓶喝母乳以后，再开始背奶，能避免这种情况。

刺激奶阵法

今天是上班的第三天。因为昨天吸不出奶，我很着急，所以便在一个亲子打卡群里求助，没想到正好群里有个母乳指导，她告诉我一个刺激奶阵的方法。本来想昨天下午就试试，结果奶瓶摔了没试成。今天第一次吸奶也是距上一次有3.5个小时的间隔，但是只吸出来70毫升，乳房也软塌塌的，没有奶的样子。

我便开始试这个刺激法，就是用手指头触摸乳头（手掌也可以），并来回轻轻地摩擦，慢慢地就发现本来软软的乳头开始变硬，然后用手指头抵住，带着乳头轻轻转圈。我个人感觉奶多的时候不到一分钟就可以出现奶阵，奶少的时候要几分钟。另外，同时想象一下宝宝吃奶的模样，或者看看宝宝的照片也有助于奶阵快点到来。如果摩擦乳头总是不出现奶阵，还可以用拇指和食指捏住乳头，往上前方拉扯几下，有一种像宝宝含着乳头拉扯的感觉，然后再摩擦乳头。再不行还可以试着轻轻按压乳头（俗称按电铃）多次，基本就会出现奶阵了。

> 一般来说，奶阵最好的刺激方法，就是尽可能模仿宝宝吸奶的情景。

一般第一个奶阵很容易被刺激出来，之后就会慢一些，想把乳房排空必须有三个奶阵才可以。刺激奶阵需要耐心和专心，特别是最后的奶阵，乳头很软的时候，一定要放松心情加上冥想。时间也不宜过久，20~30分钟为宜。另外，我觉得站着弯腰吸比坐着吸出奶更顺畅。

刚弄了几下，马上感觉奶阵来了，我赶紧用吸奶器一阵狂吸，几分钟就哗啦啦吸出了40毫升，换另一边也吸出来40毫升。等吸不出来了我又刺激了第二个奶阵，这次吸出来量少一点，最后凑到了200毫升。暂时不吸的一侧如果怕浪费可以拿瓶子接着，今天我就接了近15毫升。

下午计划2点30分吸奶没吸成，手头的工作又丢不开，只好赶着在4点30分之前做好工作后下班。今天和昨天一样，只带了一袋奶回家。

萌萌这娃饿得发晕，都不会哭了，就是不肯躺着，要竖着抱，不一会儿她自己就眯瞪着了。外婆说今天趁萌萌迷迷糊糊的时候喂进去了100毫升奶，还剩80毫升在温奶器里，我倒出来一口气喝了下去。我喝过刚吸出来的奶，这冰冻了又用温奶器温过的奶，味道差了点，难怪萌萌吃进去又用舌头撩出来。下次带回来的奶不冰冻了，冷藏的可以保存24小时，试试冷藏的奶吧！

> 有研究表明，在4℃冷藏室内，母乳可保存48小时至72小时。但是家庭冰箱开关较频繁，导致温度不稳定，为了防止母乳变质，建议母乳置于冷藏室内不要超过12小时。如果需要更长时间保存，则需要冷冻。

今天把奶吃个饱

昨晚萌萌又是抱着我吃个不停，月子里都没有这样吃过夜奶，可怜的娃白天是有多饿啊！可是你怎么就不吃奶瓶里的奶呢？！今天上午我要去公司参加一个培训，好在只有半天时间，中午没和大家吃饭，培训一结束就赶回家。

等我到家的时候，距离早上喂奶已经过去了4个小时，较之前几天，我第一次有了奶胀的感觉。萌萌小嘴一吸，左右两边都开始喷射，她吞咽不及，吐了奶头，小家伙的衣服领口马上就湿了一片。萌萌姐姐小时候也有过这样的经历，呛过她的乳房她就会拒绝。萌萌呢？我以为她会呜呜地哭，她却是笑嘻嘻的，被喷了一脸的奶还那么乐呵，这样性情温和的娃娃甚得其"父王"的喜爱！

> 奶水流出的速度太快时，很容易呛到宝宝，此时妈妈可以用食指和中指做剪刀状夹住上下乳晕部位，以减缓奶水流速，避免宝宝呛咳。

第四天早上6点30分，我喂完萌萌，就起床洗漱吃早饭。8点10分，萌萌被她爸爸给亲醒了，看着她好像还想吃奶的样子，我干脆给她洗了个澡，然后继续喂。她又吃了半个小时的奶，这才心满意足地睡着，我赶紧收拾好去了公司。

按3个小时吸一次奶计算，我应该在上午11点吸一次，但是11点30分我们开始吃饭，如果11点开始吸奶，半个小时估计搞不定。吃饭是个大事，去晚了菜都没有了，所以我吃完了午饭，11点50分才开始吸奶。左边乳房有些胀，但是吸不出来，用手挤了一下才吸出来，仍旧是两边各吸10分钟，吸出了100毫升奶，然后刺激出一个奶阵，又吸出了近80毫升奶，耗时半个多小时。

下午3点准备第二次吸奶的时候，我接到了我爸的电话，说萌萌的姐姐闹脾气不想去游泳，讲着讲着我就气不顺了。一个电话就花去了半个小时，都说生气了奶水不好，于是干脆不存了，直接等到了4点15分下班。

一般在生气等情绪波动较大的时候，会出现奶水分泌量减少的情况，但不会影响奶水的品质。

回到家已经5点30分了，萌萌已是望眼欲穿。我赶紧洗了手，换了衣服抱起她，一撩起衣服，小家伙就迫不及待地咬准了乳头。我妈说，她上午睡到了11点30分，到下午2点多用勺子喂了近100毫升，奶凉一点小家伙就不吃了。温奶器40℃的温度感觉也不太暖，于是我爸端着一盆开水在一旁帮忙。我脑补那个场景：小家伙一边听着音乐，昏昏欲睡，我爸端奶，我妈拿勺子，一点一点地喂奶给她吃。真是难为爸爸妈妈了！

瘦点也好

这几天有很多妈妈都告诉我，她们的宝宝接受奶瓶需要15天甚至更长的时间，我也没那么焦虑了。急也没有办法，只能耐心等待，给足够的时间让萌萌慢慢接受奶瓶。我妈最近几天都用勺子喂萌萌吃奶，她也吃不多，整个白天将近9个小时就靠100毫升左右的奶支撑。不算周六、周日，

到今天已经 6 天了。小人儿身上的肉肉像消了气的气球一样，不像之前一揪就是一坨了。好像这些囤积的脂肪就是为了现在这个阶段而准备的。

正当我每天都在可惜这些肉肉的时候，"宝宝树"适时推送了一篇《人见人爱的胖宝宝真的好吗？》的文章，我被其中的一段话给震到了，"只有四分之一的胖宝宝长大后会瘦下来，而四分之三的胖少年长大后还是胖。米其林宝宝好可爱，但可爱的时期好短，当他长大了，大多数人对他的态度就变了，这其中也包括了当初说他可爱的人。为了这样短暂的几年人见人爱，付出的可能是宝宝一生的健康。世界卫生组织已将儿童肥胖定为 21 世纪面临的最严峻的公共卫生挑战之一。"

这样一想，我意识到只要宝宝健康就好，瘦一点也没关系，心里也就释然了。萌萌继续倔强地不用奶瓶吃奶，用勺子也吃很少，总是干饿着等我回家。

倔强的小孩

上了半个月的班，背奶背得好辛苦。上午一次，下午一次，工作时间不连续，小家伙还不怎么吃。渐渐地，为了减少麻烦，我改成中午吃完饭以后，12 点吸一次奶。可没吸几天奶，我就发现吸奶变得很慢，经常吸几十毫升就很难吸出来了，不得不再刺激奶阵，刺激两次勉强凑够 180 毫升。今天不小心把吸奶器弄到了地上，无奈只得用手挤，竟然越挤奶线越粗，同样时间的奶量比吸奶器吸的多 30~40 毫升，不到 10 分钟就收集到了 120 毫升。索性以后都用手挤了，省得消毒吸奶器，每天还要提着一个包包在办公室走来走去，太引人注意，只拿一个奶瓶目标就小多了。

> 这种情况短期内不会影响宝宝的身体健康，但如果持续时间较长，还是应该引起重视的，否则宝宝长时间饥饿后又大量进食，会给胃肠造成负担。如果妈妈准备背奶，最好在背奶前就培养宝宝用奶瓶喝奶的习惯。

今天中午吃完饭，正要挤奶。突然接到妈妈的电话，问我能不能早点回家，说萌萌在我走后不久就醒了，一个上午都没有睡觉，不吃奶，现在用勺子喂也不吃。我早上 7 点 30 分喂奶，她没吃几口就睡着了，我便出门上班。萌萌不吃不睡支撑到现在，这小娃真是倔哪！我心情一焦虑，奶也少了，忙活了半个小时才挤出 120 毫升。下午想早点走，越是这种时候事越多，4 点 30 分才离开单位。

回到家里已经 5 点 40 分了，看到吃着自己小手睡着的萌萌，我的心都要碎了。这宝宝太倔强，宁愿饿着或者吃手，也不喝奶，算算差不多饿了 10 个小时啊！我刚一挨到小家伙，她马上就把头往我怀里冲，一口咬住乳头，咕噜咕噜地吃起来，这一顿奶吃了 1.5 个小时。看着她心满意足地睡着了，我才起来吃饭，之后赶紧冲凉，衣服还来不及洗，小家伙就在床上嗷嗷叫起来……这一晚就是这样吃 1 个小时，睡 1 个小时，折腾得我不行。明天真的不想上班了！

吃奶有转机

昨天吸的奶萌萌一点都不吃，今天事情就有了转机。小家伙大开奶戒，一下子喝掉了近 330 毫升冻奶。虽然还是不用奶瓶吃，都是靠外婆一勺一勺喂到肚子里的，但不管怎样，白天不会挨饿了啊！

萌萌现在每天上午 11 点、下午 3 点各吃 140 毫升奶，仍然不用奶瓶，但外婆每次都会先用奶瓶试着喂一下。这样一来，我仍按照之前的方式吸奶，奶量就不够了，白天必须要吸两次，每次 150 毫升左右才行。

想到生萌萌姐姐时因为不懂母乳知识，我犯了很多不该犯的错。比如萌萌姐姐出生第一天就被喂了配方奶，我后来才知道宝宝出生后头三天的初乳特别珍贵，含有抵抗疾病的免疫物质，能避免患呼吸道

宝宝出生后的第一餐最好是母乳，这样不仅有利于顺利实现母乳喂养，也有利于宝宝的身体健康。

及肠道疾病，而且刚出生的宝宝所需要的母乳量也是很少的。

又比如有时候觉得自己乳房不充盈，萌萌姐姐稍微吮吸时间长了一点就判断为母乳不足，慌忙加了配方奶。其实宝宝都是有吮吸需求的，频繁地找奶吃，不一定是没吃饱，而是一种满足快乐和安全感的吮吸需求。在观察萌萌吃奶的时候，我发现她饿了吃奶时是咕噜咕噜的，吮吸得很有力。当小嘴动动停停、吮吸轻缓、闭着眼睛好像陶醉其中时，多半就是在寻求安抚，是吮吸需求，我很享受这样的时候。

> 新生儿的胃容量较小，一般正常足月儿的胃容量为25~50ml，到出生后第10天时可增加到约100ml，6个月时约为200ml。

所以，不管背奶有多累，我都下定了决心，要做到纯母乳喂养萌萌6个月。掐指一算，还有几天就到5个月了，期间也有奶荒的时候，要么是喝水少了，要么是心情不好影响的，再或者是睡眠不足，基本都是自己惹的祸。

> 6个月后可以开始给宝宝添加辅食了。

一个宝宝不一定需要哺乳才可以快乐、健康地成长，但母乳喂养确实是更有益的。尽管母乳喂养看上去需要付出巨大的精力与时间，但是这些付出在哺乳的当时、在宝宝成长的过程中，甚至在久远的未来，都会得到难以估量的回报。

医生小科普

如何维持背奶期间的泌乳量

和开奶时要让宝宝勤吮吸一样，背奶妈妈要想维持母乳量，最好的办法就是上班时勤用吸奶器吸奶或用手挤奶，下班后及周末在家时多让宝宝吮吸。另外，夜里泌乳素分泌较多，且宝宝吃奶的间隔时间相对较长，应坚持吸奶一次，这样有助于及时排空乳房，也有助于刺激乳房泌乳、维持奶量并为宝宝储存母乳。

百转千回的断夜奶日记

叙述者 / 梓梓妈（四川成都）
宝宝 / 梓梓（11个月）

龙年新春刚过，我决定这次无论如何也要把梓梓的夜奶先断掉，尽可能保证她夜晚睡整觉。之前也尝试过几次断夜奶，都因为我心软或其他一些原因半途而废了。

梓梓已经快1岁了，夜里还要吃几次夜奶。我知道，这已经不能算是生理需求了，而是心理上的需求，如果还不断掉夜奶，会造成宝宝作息混乱，影响生长发育。另外，每晚都要醒1~2次给她喂奶，天冷不说，我的睡眠也长期不足，严重影响了我的智力和记忆力，白天老打瞌睡，根本没法工作。就算以后断了母乳，如果不断夜奶，那还得半夜起来给她冲配方奶，一想到这个我就头疼。所以，断夜奶势在必行。

> 是否给宝宝断夜奶应遵循宝宝的生长发育情况而定，没有固定的断夜奶时间。一般建议宝宝出生后两个月起，就开始让他适应昼夜变化，逐渐拉长夜奶的间隔时间，随着宝宝的生长发育，一般能在1岁左右自行断夜奶。

第一夜：坚定断夜奶的决心·

夜里大概2点多，梓梓照例开始哭泣了。要在以前，我会立即靠过去，把乳头塞进她嘴里，她吸着吸着就满足地又睡着了。可是从今天开始，无论如何都不能给她。

照着从网上查到的一些办法，我先轻拍她、安慰她，持续了一二十分钟后，她反倒越哭越来劲了。

于是，梓梓爸爸上来拍了一二十分钟，可梓梓还在哭，哭得

撕心裂肺的。我只好把她从睡袋里抱到怀里继续拍、继续安慰,又过了一二十分钟,哭声终于止住了,她睡着了。

可是也不能一直抱在怀里睡吧,刚把她放到睡袋里,她就又开始哭。时间已经过去1个多小时了,按资料里的说法,已经推迟了1小时,循序渐进的话,可以喂点水或者淡淡的奶了。水,她是全盘拒绝的,于是我起来给她兑了70毫升水加1.5勺配方奶。拿到她嘴边时,她就跟在漩涡里突然抓住一根救命稻草似的,一口含进嘴里,咕咚咕咚地喝了下去。喝完奶,拔出奶嘴,她又哼哼了两下。可能是由于哭了这么久确实太累,加上肚子里终于有点货了,她终于放弃了哭闹,睡了过去,而且这次我成功地把她放入了睡袋。

> 给宝宝创造独立的睡眠环境有利于宝宝的夜间睡眠时间更持久。

第二次哭泣的时候,已经是早上7点左右。既然天已经亮了,所以她一开始哭,我就给她喂奶,很快她又再次进入了梦乡,睡到上午10点多才起床。

第二夜:貌似成功了

昨晚可能她是真的有点饿,因为睡前牛奶只喝了大概100毫升,原因是喝奶前喝了太多的水。但是我记得儿科医生说过宝宝晚上即使饿点也没有关系,因为睡觉是不需要太多能量的,比起饥饿来,睡眠对宝宝的意义更加大。

不过,今晚我还是给她喝了150毫升睡前奶,还兑了两勺米粉在里面,按理说,她应该是不会饿了。

到了半夜3点多,她开始哭了。我还是过去尽可能地靠拢她,拍拍、哄哄。嘿,奇迹啊,大概过了半小时,她居然自己睡着了!没有换人、没有喂淡奶、没有声嘶力竭……

总结了一下,第一,可能是白天一直在外面玩,没怎么睡,她也

比较累了,所以睡得香;第二,可能是睡前吃得比较饱,她的饥饿感不强烈。

总之,第二夜顺利地过去了。

第三夜:一夜哭三回

今天,经过三个多小时的长途跋涉,我们从老家回到了成都自己的家。由于我们是在老家过的年,经过一个星期的假期,梓梓又要重新适应家里的环境,我心里有个预感,断夜奶没有这么顺利,她肯定还会反复。

果然,第三天的夜晚真是漫长又波折。梓梓从夜里1点多就开始哭,睡前可是喝了150毫升奶加2勺米粉的哦,还吃了我的母乳。

我拍了一会儿,没用,爸爸上。好像爸爸比较管用,拍了一会儿,睡了。可好景不长,没多久,她又开始哭了。

爸爸已经呼噜连天了,我硬着头皮上,可是没用,越哭越来劲,我有点冒火了,她哪来那么好的精神呢!这时爸爸也被吵醒了,便让我走开,他来哄。过了一会儿,哭声越来越弱,终于又睡着了。

第三次哭泣,已经是早上5点多了。爸爸估计也筋疲力尽了,我起来给她换了尿布,兑了一点更淡的奶。结果,人家不买账,吃了两口知道上当,就继续哭。我实在没招了,看了看表也5点多了,自我安慰说这已经是早上了,可以喂奶了,于是把乳头递给了这个"小混蛋"!

> 对于宝宝夜晚哭闹,首先要考虑宝宝是否存在身体不适,而不一定是饥饿导致的。如果夜哭频繁且持续数日,需要带宝宝到医院检查,排除疾病方面的原因。

第四夜:峰回路转

今夜1点多,她哼哼了几声,我靠过去拍拍没几分钟她就睡了!大概3点多的时候又醒了,开始哭,但是比起前几天来,哭泣的方式显得温和了很多,哼哼唧唧了几分钟,就睡了。

到早上七点多醒来,该吃早饭了,我自然地把乳头塞给了她!今天改善了很多!就看第五天晚上的表现了!所幸的是,连续这几天的早上,她起床时情绪都很好,笑呵呵的,一副睡了个好觉的样子!宝宝真是简单,开心了就笑、不舒服了就哭,一点都不掺假!

第五夜:再接再厉

今晚由于她之前一直在客厅爬来爬去、走来走去,玩得很累了,所以照例的睡前150毫升牛奶加米粉都没有吃完,就开始睡了。我把她弄醒,又喝了一点牛奶,还喂了几口母乳,但她确实太困了,还是睡着了,害得我只好把自己的奶挤出来。

> 如果夜晚宝宝已经睡着了,就不应该因为胀奶而将宝宝叫醒,可以通过挤奶的方式缓解胀奶。

半夜她醒了一次还是两次,我有点记不得了,醒来拍拍一会儿就睡了,也就几分钟。有进步啊!早上六点多醒来她就呜呜地开始哭了,我还是照例把乳头塞给她,她吃了一会儿又睡了,然后睡到九点多才起来。有进步!继续努力!

第六夜:断夜奶成功了

睡前吃喝跟以往一样,由于白天运动量大,所以她也确实困,晚上不到7点就睡了。晚上闹没闹我都不记得了,只记得早上6点左右,她开始闹了,也是该吃早饭的时间了,我直接给她吃母乳,然后她又睡,直到快九点才起床。我这是成功了吗?再观察两天就知道了!

> 白天适当减少宝宝午睡的时间,并且让宝宝多运动,有利于宝宝夜里睡整觉。

第七夜:继续观察

昨晚,我很肯定她没醒,听到她哭的时候,我特意让她爸看了下表,6点多!Oh,Yeah!该吃早饭了,我直接把乳头塞给她就是!连续两天早上才醒!太棒了!继续观察!

医生小科普

认识夜奶

宝宝需要夜奶除了确实饥饿的原因,还有对母乳的依赖。每个宝宝存在个体差异,不可一刀切,认为到了某月龄的宝宝就一定要断夜奶;正确的做法应该是根据宝宝的生长发育情况,逐渐延长夜奶的间隔时间,让宝宝自行断夜奶。

如果宝宝夜奶的次数已降至 1~2 次,且喂夜奶确实不便(如文中案例)时,可以考虑给宝宝断夜奶。在给宝宝断夜奶时,要注意循序渐进,避免宝宝长时间哭闹,轻拍、喂水、喂淡奶、轻揉腹部等方式都可以采用。

舍不得断奶

叙述者 / 阿紫子（广东广州）
宝宝 / 祺祺（1岁）

今天我们一整天都在坐车，坐得屁股都麻了。祺公主遇到姑爷爷开车开得很快的时候就不说话了，嘟着小嘴巴静静地坐着。遇到堵车开很慢的时候，她可欢了，一会儿要和坐在副驾驶的外婆玩，一会儿又要坐最后面的外公抱，玩累了，又吵着吃奶，总掀开我的衣服，她爸爸抱着也不行。外婆就说，今天下决心断奶吧，她总惦记着吃奶，也不好好吃饭，头发黄黄的，肉也不结实……

最后一次吃母乳

外婆从祺公主6个月开始就催促着要给断奶了，我坚持着喂到现在，祺公主也不争气，看到我就不吃饭了！我想着她外公过几天就要回武汉了，趁现在外公外婆都在，也好断。

可怜的祺公主，还在欢笑着，她不知道今晚就要给她断奶了哦！在车上也不好好吃奶，这可是你最后一次吃了哦！我心里也很难受，再也看不到她趴在我身上吸乳头了，也不能看她满足地睡着了。

到家时，因为坐得太久我感觉腿已经不能动了，等整理好一切东西，冲完凉，我就一个人待在卧室了，避免和祺公主见面。

她一刻也不闲着，饿了也不喝配方奶，勉强吃了点饭。到了晚上9点钟她开始找妈妈，拼命地哭，外公和外婆拿出好多玩具陪她玩，哄了一会儿，祺公主爸爸也和她玩了一会儿，她才睡了。我的奶胀得厉害，趁着她睡着，我跑出卧室开始处理：用热毛巾敷乳房，又

断奶没有固定的季节和时间，世界卫生组织和国际母乳协会都建议，如果条件允许的话，母乳喂养最好能够坚持到宝宝2岁。

用吸奶器吸了一点，然后戴上防漏乳垫再跑回卧室躺着。虽然很累，但是躺下却睡不着，我就发短信问老公祺公主的情况。

这样折腾到快凌晨1点，外面没有了动静，我也昏昏地睡着了，做梦的时候老听见祺公主喊妈妈。我翻来覆去，再加上胸口硬得像石头一样，一个晚上也没有睡好。

第二天：妈妈"闭关"了

早上醒来，我仍躺着不敢出门，依稀记得祺公主夜里并没有大哭，这时候老公进来说外公外婆带祺公主出去了，让我赶快起来收拾完然后继续"闭关"，之后他就去上班了。

我马上梳洗、吃早餐，我妈只给我留了一点饭，她特别叮嘱我要少吃，免得胀奶，少吃正好减肥。吃完饭我又把家里整理了一下。10点多他们就回来了，我继续"闭关"。小家伙精神状态还好，就是我听到她一直喊妈妈，又不能答应，觉得很心酸。外公看她闹又把她抱出去玩了，上午她没有喝配方奶，只吃了点肉粥。

> 适当减少饮食、减少与宝宝接触的机会、延长两次挤奶或喂奶的间隔时间等都可以让奶水逐渐减少。有的妈妈奶水非常丰沛，为了避免断奶期间胀奶的痛苦，可以去医院打回奶针或者开一些回奶药。

第三、四天：继续"闭关"

祺公主白天还好，一到晚上9点多就找妈妈，一直哭，早上起来又大哭，还把外婆当妈妈了，拉起外婆的衣服找奶吃。我一直没有和她见面，就这样又躲了两天，我的乳房好像也没有那么胀了，虽然还很硬。

第五天：还惦记着呢

今天外公回武汉了，外婆一个人忙不过来了，我便急忙走出去帮忙。祺公主已经吃了小半碗饭了，一个人坐在地上玩，突然看到妈妈了，她笑得眼睛都眯起来了，赶忙爬到我身边。我连忙抱起她来，

心疼地吻了吻她的小脸蛋。

祺公主趴在我身上,脸贴着我的胸脯,小手在乳房上摸啊摸的,摸一下,然后抬头看一下我,我心里一紧,都5天了,还惦记着呢!我记得妈妈说我小时候,也是1岁断的奶,只一个晚上就忘记了,第二天都不吃奶了。

我忙对祺公主说羞羞,她前几天学过,今天听到我说这个词,就用小食指对着她自己的脸刮。然后她又把头埋在我胸口,我心好酸,多聪明的宝宝啊!妈妈折磨你了……

她看我没有反应,又拉我的衣服,从上面拉开,又从下面掀起来,把手伸到我的内衣里,想吃奶,一边做以上动作,一边用她的招牌笑容对我使劲笑。我拉着她的手说,妈妈带你出去玩啊,然后快速地刷牙洗脸吃早餐,之后带她出去玩了一会儿,回来后她吃了个小面包,喝了半杯水,就睡着了。

第六天:断奶似乎成功了

今天中午我和祺公主一起玩的时候,她又趴在我身上,掀衣服,找奶吃,我妈把她拉开,她急得哇哇大哭。老公说,出去玩啦,出去玩啦。小家伙还真不哭了,连忙爬到爸爸那儿,抱住爸爸的腿要出去玩,看来现在玩比吃奶重要了。可能断奶快成功了吧!我的奶也彻底没有了,我心里有点失落!

下午祺公主喝了100毫升配方奶,我好高兴,这还是她第一次愿意喝这么多配方奶。晚上祺公主很乖,从外面玩了回家后,才7点30分就洗澡睡觉了,直到晚上11点了还没有醒。这真是破天荒,一切都在好转,明天会更好呢!

断奶期间,当宝宝要吃奶的时候,转移他的注意力是一个很好的办法。

第七天：不掀衣服了

昨晚祺公主好乖，但是今天不知道怎么了，白天只睡了半个小时左右，就一直玩到晚上，外婆怎么哄都不睡啊，真急死人了！

我只好又躲起来，趁这工夫才有时间把衣服洗了，再整理了一下被她搞得乱七八糟的客厅。地上到处都是饭粒、面包屑，还有被祺公主吃了又吐出来的橘子。说点题外话，自从家里客厅被我"承包"以后，我每天拖好多次，一个月减十几斤，真的好有效。拖了三个月的地，我已经慢慢快接近怀孕前的体重了！

祺公主不肯睡，非要找我，到午夜12点了，还在到处找我。我只好抱着她了，她的头在我胸口蹭来蹭去，还好没有掀衣服。我们躺在床上，她爬到我左手边，枕着我的左胳膊。我一边拍，一边唱歌，这才把她哄睡着！

医生小科普

宝宝断奶后的饮食要点

1. 断奶后要有足够的奶类食品摄入。因为宝宝需要很多蛋白质来满足身体快速生长发育的需要，而最好的供应品就是奶类，每天维持500~600毫升的奶类供应是必需的。1岁前可以喝配方奶，之后可以根据宝宝的喜好选择酸奶、纯牛奶等。

2. 要合理安排辅食，辅食保持多样化。刚断奶的宝宝每天可进食6次，以后可减少到4~5次（包括点心次数）。早、中、晚三餐可以和大人同一时间进餐，两餐之间适当添加些点心、乳制品、水果等，睡前给1次点心。

3. 主食为谷类食物。谷类食物能为宝宝提供大部分的热量，因此食物的安排要以米、面为主，同时搭配动物食品及蔬菜、豆制品等。

宝宝第一次吃辅食就过敏了

叙述者 / 小文妈（云南昆明）
宝宝 / 小文（1岁2个月）

宝宝一岁以内，会经历好几个快速增长期。这些增长期通常在宝宝出生后的第7-10天、2-3周、4-6周、3个月、4个月、6个月、9个月。在快速增长期，因为身体在快速发育，宝宝也会变得胃口大开，食欲特别好。

婴儿米粉说明书上常常会写加入多少配方奶冲调，这是源于西方的饮食文化的。西方人的饮食以奶类为主。但建议妈妈不要用配方奶冲调米粉，因为中国人的饮食并不以奶类食物为主，这样做会让宝宝喜欢上带奶味的食物，给以后添加成人化食物造成困难。

一转眼，宝宝快6个月了，最近几天，她吃奶的次数增多，总是一副很饿的样子，平常看我们吃饭的时候，她的小嘴已经开始知道"咂吧咂吧"了。婆婆提醒我，该给宝宝喂点辅食了。于是我就买了一盒米粉，打算回家尝试着给宝宝添加辅食。

第一次喂辅食的心情

第一次给宝宝喂母乳以外的食物，我有点新鲜、好奇外加一点小激动，不知道她会不会喜欢。米粉没有配量勺，我用舀配方奶的勺子舀了两平勺配方奶，加入60毫升70℃左右的温开水摇匀，又舀了2平勺婴儿米粉，放在宝宝的辅食小碗中。我一边缓慢地倒入配方奶，一边用筷子慢慢沿顺时针方向搅拌，就像冲芝麻糊似的。我听有的妈妈说，对初次添加辅食的宝宝来说，米粉调得最理想的状态是"用汤匙舀起倾倒能成炼奶状流下，如成滴水状流下则太稀，难以流下则太稠。"

虽然是一个简单的过程，但因为是第一次做，我真的是抱着做一件艺术品的心态在冲调。想着冲调好以后，宝宝大口大口吃得香香的样子，我忍不住笑了起来。事实证明，我想多了，不知道是不是所有母乳喂养的宝宝都是这样，我家宝宝坚决不愿吃母乳以外的任何食物，我用心冲调的米粉也不例外，喂了一半我就放弃了。

竟然辅食过敏

第一次喂米粉后，没多会儿，我发现宝宝的下巴、脖子上有一片片的疹子，有点像湿疹。因为之前宝宝起过湿疹，我以为是湿疹复发了，也没有太在意，给宝宝涂了一点治疗湿疹的药膏。第二次给宝宝喂米粉是在两天以后，才喂了两三口，她就开始闹，手也到处乱抓，扯得我头发生疼。我赶紧停止喂米粉，抱起她准备喂母乳安抚一下。这时，我才发现她脸上起了很多像蚊子包一样的红肿疙瘩，下巴、脖子上全是，我扒开她的衣服一看，身上也到处都是，我的脑袋"嗡"地一下炸开了，赶紧喊老公和婆婆过来，全家人看到这种情况都慌了神，赶紧带宝宝去医院检查。医生听完我们的叙述又看了看宝宝，便告知我们应该是过敏。

我跟老公冷静下来仔细回想了下所有可能导致过敏的原因，联想到第一次添加米粉时宝宝也出现了轻微的不适，我们基本确定罪魁祸首就是米粉了。我可怜的宝宝，第一次添加辅食，就受了这么多罪。

过敏反应有的较轻，比如轻度腹泻、呕吐、湿疹、荨麻疹、面部红肿、嘴唇肿胀等；有的属于严重过敏，会出现严重反应如呼吸困难、严重的呕吐、腹泻等。

回家我查看米粉包装盒，确实是1段，正好适合这个年龄段的宝宝，没问题呀！这个时候，老公边看米粉包装盒边说："鳕鱼苹果米粉，一个米粉里面加了这么多宝宝没吃过的东西啊。"我这才想起，那天买米粉的时候，只有鳕鱼苹果米粉在促销，我看了是1段的，便没多想就买了。而在这之前，宝宝除了母乳，还真没吃过任何其他的食物呢。

回想起我和老公去听育儿讲座时营养师的反复叮嘱，宝宝的辅食应该从单一食物的开始，一样一样添加，避免过敏。我后悔不已，这次宝宝受的罪，全因我这个当妈妈的疏忽而导致。

> 市售婴儿米粉很多都是复合配方的，不适合给宝宝第一次加辅食用。第一次加辅食要选用原味配方米粉，等宝宝适应了，再逐渐换成复合配方的米粉。

> 一次只添加一样辅食，一旦宝宝发生过敏，可以快速确定过敏原。每添加一种新食物，妈妈都要注意观察，如果宝宝没有过敏，大便也正常，就继续添加。

喂养的权力之争

因为我一直坚持科学育儿，育儿期间看书、逛论坛，还经常跟老公去医院听育儿课，所以婆婆也非常信任我，觉得我有能力把宝宝带好。宝宝辅食过敏这件事情发生之后，婆婆开始坚持她之前的观点，认为还是自己制作米粉给宝宝吃更安全，虽然我再三解释，这是因为我选错了米粉的种类才导致的，但婆婆还是不认可。

我只好拿出书来给婆婆看，婆婆说："我不能拿我孙女的身体去冒险，现在黑心商家那么多，多大品牌的米粉也没有我自己选料自己看着做出来的放心！"几经争辩，最后还是婆婆妥协，她让我换原味的米粉再试一次，一旦宝宝出现任何状况，以后就不再冒险了，直接吃自制的米粉。婆婆还补充了一句："你们小时候也都是吃这个长大的，一个个身体都好得很，也不见有啥问题啊。"

> 家庭自制米粉不能等同于婴儿米粉，因为婴儿米粉像配方奶一样，是一种配方食品，其中添加了钙、铁、锌、维生素等多种营养成分。建议给宝宝添加辅食时，选用专门的婴儿米粉。

调好原味米粉喂宝宝的时候，我心里很忐忑，生怕又出什么问题。好在这次宝宝不但吃后没有过敏反应出现，吃的过程非常配合，她吃掉了小半碗，吃完小嘴周围粘了一些米粉糊糊，看起来非常满足。宝宝总算顺利过渡到了辅食添加期。

医生小科普

食物过敏会有什么表现

　　一般辅食过敏最主要的表现就是肠道和皮肤症状,即出现稀便,或者皮肤上长疹子,严重的还会出现腹痛、腹泻或者哮喘。疹子一般为小红疙瘩,有的在顶上有小白点,可以是几颗,也可以是成片的,伴有皮肤瘙痒,宝宝会用手抓或表现得很烦躁。

容易引起过敏的食物

　　给宝宝添加的辅食应该是容易消化而又不容易引起过敏的食物,一些易致敏的食物要推迟添加。一般来说,容易引起宝宝过敏的食物有以下几类:

食物特点	举例
富含蛋白质	牛奶、鸡蛋
海产类	鱼、虾、蟹、海贝、海带
气味特殊	葱、蒜、韭菜、香菜、洋葱、羊肉
刺激性比较大	辣椒、胡椒、芥末、姜
不易消化	蛤蚌、鱿鱼、乌贼
含细菌和霉菌	死鱼、死虾、不新鲜的肉、蘑菇、米醋
可以生吃	番茄、生花生、生核桃、桃子、柿子
种子类	豆类、芝麻
其他	人工色素、防腐剂、香料

过敏的食物宝宝并非永久不能吃

　　一旦确定宝宝对某种食物过敏,妈妈要及时停止给宝宝吃这种食物,并保持3~6个月。然后再次少量进食,如果无过敏症状再出现,说明宝宝对此食物产生了耐受力,可继续食用。若又出现过敏症状,应再次停止进食这种食物3~6个月。

　　妈妈要注意,在这3~6个月期间,回避某种食物应是"完全"回避。比如宝宝对虾过敏,就算食物中只有极少的虾末也不能给宝宝吃。

我家有个吃饭超积极的娃

叙述者 / 五毛君（北京）
宝宝 / 可乐（2岁半）

转眼可乐2岁半了，进了幼儿园小小班，一切都很顺利，每天都会得到老师非常积极肯定的一个评价：你家宝宝吃饭可积极了。其实，养出这么个小吃货不是偶然的，是下了一番苦心的。我是个"奶爸"，因为我的工作比较自由，属于居家办公。

生张小嘴，主要就为了吃

宝宝生了一张小嘴，在他还不会说话以前，主要的功能就是吃。从出生开始，他就会用自己的小嘴去寻找妈妈的乳头，哪怕他哇哇大哭，多数时候也是因为饿了。

所以，我一直相信，吃，是人从出生就具有的本能。老人们也常说，从没见过哪个宝宝不肯吃饭，肚子饿了自然就吃了。有一阵挺流行欧美妈妈带宝宝的一个方法，那就是宝宝如果不吃饭，妈妈就把饭碗收掉，然后一直到下一顿饭之前都不给他任何食物，即使他饿了闹着要吃也不给，等到下一顿饭时，妈妈什么都不用说，宝宝就大口大口地吃了。不过这个方法并不适合我们家，如果可乐闹着要吃饭而妈妈坚持不给，家里是要闹婆媳大战的。

为了把可乐吃的本能挖掘出来,我决定从她吃拳头开始就停止干涉,让她自由发挥,在吃拳头的过程中让她体会动嘴的乐趣。就是我得经常用清水给她洗手、擦手,坦白讲,心有点儿累。

开始吃辅食啦

现在的书上都说 6个月的宝宝就可以加辅食 了。不过我们家可乐好像比6个月要早,应该是5个多月的时候,可乐妈买了一个吃水果的神器——咬咬乐,只要将水果放进去,宝宝一咬,果汁就会流出来,特别安全,宝宝不会被食物卡喉。那会儿正值夏天,家里每天都吃西瓜,小家伙在我们吃西瓜的时候口水一个劲儿地流,眼馋得不行,真是没法让人拒绝啊!我就弄了一点去籽的西瓜瓤放在咬咬乐里给了她,这一尝,她的味蕾开了"花",从此就一发不可收拾。

那次尝试之后,我就干脆给她加起了 婴儿米粉 ,然后逐渐加些蔬菜泥、水果泥、肉泥。按我的逻辑,就是大人能吃的都弄成泥糊糊给她尝尝。如果她不喜欢吃某种食物,我也不会觉得她挑

> 2001年以前,大多数科普资料建议宝宝4~6个月开始添加辅食。到2005年,世界卫生组织和国际母乳协会等权威组织都建议6个月开始给宝宝添加辅食,现在大部分观点也偏向于在宝宝6个月以后再加辅食。

> 婴儿米粉是以大米为主要原料,加入钙、磷、铁等矿物质和维生素等制成的补充食品,营养构成非常合理。而且大米是谷类食品中最不容易引起过敏且最容易被消化吸收的食物。因此,建议给宝宝的第一个辅食是婴儿米粉。

食，毕竟想吃什么和当时的心情以及食物呈现的样子是有很大关系的，等过段时间换个花样，她一般都会吃一些。

到了可乐出牙那会儿，她逮着什么都放嘴里咬，口水流得到处都是。我就将烤馒头片或胡萝卜、芹菜和苹果等切成小条条，放在她手里随她啃，她吃得跟个小脏猫一样。这时候我已经要让她练习咀嚼了，因为可乐妈不让用咬咬乐。我只好集中十二分的注意力，时刻盯着可乐，生怕她被食物的小碎块噎着。可乐倒是咬得开心，她肯定不知道她每咬一口，她爸的心都跟着提到了嗓子眼。

不过，关注并不等于干扰，只要没有安全问题，她爱怎么吃就怎么吃，事后我再来收拾。比如她拿不稳，或者食物掉桌子上了，我都远远地看着，让她自己努力地尝试去捡。因为对她来说，每一次吃东西都是一次操作过程，独自操作多了，熟能生巧，她就会慢慢找到窍门。有时候她想要我帮忙，露出一副要哭的表情，我就赶紧装作很忙的样子，开始干自己的事，把明着观察改为暗中观察。她看到我不能帮忙，也就只好自己继续努力了。

吃出了自己的风格

大概10个月大的时候，可乐开始抢勺子了，她特别开心地用勺子去舀饭，但是不遂她愿，汤汤水水和着米饭、菜，弄得脸上、身上、餐桌上、地上到处都是。急坏了的小可乐开始用手去抓，基本抓一把食物，能弄进嘴里的也就那么两粒。

可乐妈想着去喂她吃，被我制止了，毕竟这是一个探索的过程，而且手抓着吃也挺有趣呢！所以，无论她吃成啥样，

用什么方法吃，吃了多长时间，我都不会干涉她。这里的干涉指的是不能笑，也不能呵斥，否则宝宝会觉得自己在表演，然后会逗你乐呢，反而忘记了自己在吃饭。

但是我也考虑，怎样才能让她更好地进食呢？怎样才能让我也更轻松呢？于她于我，这都是一个学习的过程。

原本，我只给可乐买了一把宜家的餐椅，可自从可乐坚持自己吃饭后，我陆续买进了防水立体可擦洗围兜、吸盘碗、保温碗等神器。我还想到了一个旧报纸的妙用，那就是在可乐进餐前，我就提前将旧报纸铺在她的餐椅周围，这样食物就都掉在旧报纸上了，这给作为清扫工的我省了不少力气。

每次吃饭，可乐都会足足折腾半个小时以上，有时候她不吃，只是专注地玩弄那些食物。等她玩完，我才让可乐妈开始喂饭，这个时候她都会很配合，基本不再抢勺子了。

从吃饭很糟糕到慢慢熟练，这个过程可乐所花的时间并不长，约莫三周，比起一直靠大人喂饭，这三周的练习是不是特别值呢？而且这个过程中看着可乐在一点一点地进步，我的内心其实也是很有成就感的。

可乐快2岁的时候，开始对筷子感兴趣，我没有给她买练习筷，而是把家里的筷子锯掉了一截，然后将黄豆煮得很烂，跟她玩夹豆子吃的游戏。很快，可乐就能轻松使用筷子了。

现在可乐吃饭基本不用我操心，到了吃饭时间，自己就要往儿童餐椅里钻，给她的食物基本都一点儿不剩，重点是吃完了也很少有洒在地上的情况。下一步我准备培养她自己择菜，自己动手吃得更香啊！

> 宝宝学习自己吃饭时，妈妈仍然需要喂食，妈妈可以先将宝宝喂到七八分饱，然后剩余一些食物让宝宝自己学习吃，也可以在宝宝吃完后妈妈再补喂。但这种行为不能持续太久，一旦宝宝能准确挑起食物送到口中，妈妈就可以不再喂食。

很好用的吃饭神器

这些吃饭神器都是经可乐检验过的,希望能给读到这篇文章的新手爸妈们提供点帮助。

第一,**婴儿餐椅**。这真是解放双手的神器,而且至少可以用到宝宝3岁,有了这个餐椅,你就不用担心你的宝宝坐下没有桌子高,也不用担心他从椅子上掉下来了。吃饭时,将他抱到餐椅上,不但能让他感受到与父母长辈同桌进餐的乐趣,也能让宝宝在自己吃饭的过程中找到乐趣。宜家那种简单款的餐椅特别好用,建议选带餐盘的。另外,尽量不要选购带踏板的,否则宝宝会试图蹬着站起来,很危险。

第二,**保温碗或者保温杯**。宝宝吃饭慢,吃的东西也不多,经常出现饭没吃两口就凉了的情况,这时一个保温碗再好用不过了。可乐用的其实不是保温碗,是日本一个叫"膳魔师"品牌的保温小杯子,因为比较矮,还带个把手,也可以当碗用。

吸盘碗带有一个橡胶底座,可以吸在桌面或者婴儿餐椅的餐盘上,对那些坚持自己动手捧碗的宝宝比较实用,能避免他把碗打翻。对于大一些的宝宝,他会试图研究这个碗是怎么吸在桌子上的,进而大力抠,大力推,那时候吸盘碗就不适合用了。

第三,**防水立体可擦洗围兜**。第一次给可乐用时,我觉得这玩意儿像个篓子,特难看,但是用过方知好,这个东西太省事了。吃完后宝宝衣服不会脏,直接把围兜底部的食物残渣倒掉,然后用水冲干净留待下次用就行。

医生小科普

早产儿添加辅食要先矫正月龄

早产儿添加辅食时,不能以他的出生月份为准,而要算矫正月龄。

矫正月龄=出生后月龄-(40-出生时孕周)/4,例如,孕周只有32周的小宝宝,现已经生6个月,他的矫正月龄=6-(40-32)/4=4个月。这表示其体内的器官功能成熟度与正常4个月的宝宝相当,所以饮食方面也应做相同处理。

如果医生认可,也可把辅食添加的时间提前或延后数周。

添加辅食初期不主动减少喂奶量

添加辅食后,即使宝宝特别喜欢吃辅食,辅食也只能占一小部分,不能挤占了"奶"的地位。家长不能主动减少奶类供应,尤其是在辅食添加的初期,千万不能看宝宝喜欢吃辅食就把喂养重点放在辅食上。

因为辅食的营养、能量密度远不如奶类,而且婴儿的消化能力和进食能力有限,从辅食中难以摄入足够的营养。所以,如果摄入过多的辅食而挤走奶类,宝宝容易因缺乏营养而出现生长缓慢的问题。

宝宝拒绝吃辅食怎么办

每个宝宝都是特殊的个体,吃辅食的时间也不尽相同,如果宝宝处于4~6个月这个年龄段,可能他还没做好吃辅食的准备,妈妈不要着急,耐心等待,千万不可以采取强烈措施逼宝宝吃。但如果到了6个月以后,宝宝还拒吃辅食,为了宝宝的生长发育,妈妈一定要耐心引导宝宝,妈妈可以在吃饭时"咂吧"嘴,模仿吃东西的样子给宝宝看,做出很享受的表情,也可以选择能吸引宝宝的勺子和碗等。

护理篇

对于年幼的宝宝来说,宝爸宝妈加强护理,不但可以帮助宝宝增强体质,还可以帮助宝宝培养良好的生活习惯。宝爸宝妈多付出一分,宝宝成长就多加一分,快来看看宝爸宝妈都是怎么护理宝宝的吧。

正确拍嗝能让宝宝少吐奶

叙述者 / 晓晓（海南海口）
宝宝 / 安安（3个多月）

安安出生第二天就开始吐奶，医生说是正常现象，基本上每个新生儿都会吐奶。因为小宝宝的胃和大人的胃构造不一样，医生当时打了一个比喻，说："小宝宝的胃就像一个没扎紧口子的袋子，还是平放着的，等他慢慢长大，口子才会慢慢扎紧。"听到医生的解释，我内心安定了不少。

让人放不下心的吐奶

但是，前不久安安的一次吐奶，让我现在回想起来仍心有余悸。因为安安那天吐奶，跟往常不大一样。那天安安有点不舒服，咳嗽了好多回，吃奶的时候，他又拉"粑粑"了。于是他吃完奶，我就把他放在尿布台上给他换尿布，这时，奶水从安安的鼻子和嘴里喷射而出，我赶紧将安安抱了起来。那天，这样的吐奶状况反复了好几次，虽然吐完奶他哭闹一阵后就安然入睡了，但清理完尿布台、地上，还有我和安安身上的奶渍后，我却坐不住了。我特别担心如果哪天晚上他喝完奶睡着了，睡梦里呛奶发生危险该怎么办？

学会拍嗝很重要

安安42天回医院检查的时候，正好看到医院请了个专家给妈妈们讲课，我就找了个角落坐着，边听课边给饿了的安安喂奶。

> 宝宝吐奶后，一定要将他的上半身垫高或者让他侧向一边，避免呕吐物进入气管导致危险。

安安吃完奶，恰好赶上专家让底下的妈妈提问，我便借着这个机会问道："我家宝宝总是吐奶，而且有过很吓人的剧烈吐奶，有什么办法吗？"专家笑着问我："你喂完奶有给宝宝拍过嗝吗？"

说到拍嗝，每次给安安喂完奶，我都会用一个硅胶的"婴儿拍嗝器"给安安拍几下背。不过，不知道是我操作手法不对还是怎么样，我从没有听到过我期待的那声响亮的"嗝"。而且每次吃完奶后安安很少不吐奶，有时候是一丁点奶从嘴角溢出，更多的时候是吃完奶一个多小时后，突然吐出几口跟豆腐脑一样的奶块。

我回答专家说："拍过，但是他没打过嗝。"下面的妈妈们都笑了起来，也有很多妈妈开始附和，说拍嗝太累了，每次胳膊都要酸了，也不见宝宝打嗝。

专家让我抱宝宝上去，说给大家示范一下怎么拍嗝，她手法轻巧地接过安安，一只手臂从安安腋下穿过，搂着安安，让安安坐在自己腿上。

接下来，专家将右手的小拇指放在安安腋窝下，拇指和食指分开让安安的头架在她两个指头中间，这样，安安便坐得稳稳的，头和身子都被很好地支撑着。然后，专家用左手在安安的后背从下往上反复拍打，我注意到她的手掌是屈起的，在拍打的时候，会有一定的力度。只拍了几下，安安就打出一个大嗝。我敢肯定，这是我听过的最畅快的声音。专家说："你是不是刚喂过奶？"我连连点头，说："是的，是的。"

我在现场录了一个短短的视频，以免自己忘记了操作方式。从那次之后，每次给安安喂完奶，我都会用这种方式给他拍嗝，而且每次都会听到一声或者两声响亮的打嗝声。安安吐奶的现象，不知道是因为长大了"胃口袋"在收紧，还是因为拍嗝，也在慢慢减少。

宝宝在吃奶的时候，容易吞下大量的空气，一般喂完奶后给宝宝拍嗝，只要手法正确，宝宝都会打嗝。但是宝宝都有个体差异，也有的宝宝吃奶吃得特别好，不用拍嗝也没有吐奶的现象，或者吃完奶后虽然拍嗝，但不会打嗝。

吐奶是小月龄宝宝常见的胃肠道症状，由于小宝宝胃容量小，胃肠蠕动差，易发生胃食管反流。随着宝宝月龄增长，吐奶现象会逐渐减少和消失，消失的时间因人而异，一般4~5个月后开始好转。

医生小科普

生理性吐奶和病理性吐奶的区别

	生理性吐奶	病理性吐奶
发生年龄	通常发生在宝宝4个月前，尤其是新生儿。	会发生在任何月龄、患某种疾病的宝宝身上。
吐奶表现	吃完后吐出来少量奶液，或者打了个嗝带出来一口奶，一般量不多，表现为溢出或轻吐。	吐奶时呈喷射状。
奶液性状	吐出来的奶还是原状液体。	一般会把胃里的奶吐光，还会吐出胃液。如果喂奶间隔很长时间了，会吐出来带奶块、有酸味的半消化奶液。
吃完后表现	吐完后没有痛苦表情，甚至更愉快。	除吐奶外还伴随着其他身体不适的症状。

生理性吐奶是婴儿期的正常现象，妈妈只需要注意一些小细节，就可以减少或者避免，等宝宝月龄大一点，吐奶现象便会好转；而病理性吐奶是因身体疾病引起的，比如宝宝肠胃不好、上呼吸道感染等，家长需要根据当时的情况判断要不要送医院。

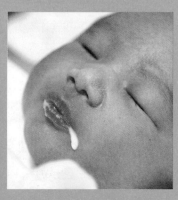

第一次攒肚

叙述者／阿紫子（广东广州）
宝宝／祺祺（1个半月）

自祺祺出生的第二天开始，护士每天进病房必问的问题是：大人大便了吗？宝宝大便过几次了？这些还要记录下来作为衡量身体指标的依据，搞得我也很紧张：一天拉的次数多了是不是拉肚子？连续几天都不拉会不会是便秘？

总而言之，拉也愁，不拉也愁，生活就是这么矛盾。这不就遇上了吗？满月之后的祺祺排便很规律，一天一次。到了42天去医院检查的时候，医生说祺祺有早期小儿佝偻病（听到这个词我快被吓死了），需要补钙。

才补了两天的钙，祺祺突然不排便了，第三天祺祺的外婆给她用了开塞露。我在网上查过，说用开塞露很不好，但是外婆非要用，我极不情愿地同意了，但却塞错了地方！真心疼，祺祺的屁股那儿一下子被戳得红红的。之后我找到了正确的位置，刚一塞进去祺祺就挤了一点"粑粑"出来，真是臭！结果第二天又不排便了，这样又过了3天，我打电话问医生，医生却总说正常，要多喝水、多喝银花露。祺祺的外婆很着急，她说从没有遇到过这样的情况，只好不停地喂水，祺祺也一直在闹。

祺祺连续5天无便，我心里开始不安起来。这事要是发生在别人身上，估计一点也不着急，但是亲历过，才知道自己不是那么稳得住的人。

> 佝偻病的全称是维生素D缺乏性佝偻病，维生素D能促进骨骼对钙质的吸收。一般母乳喂养的宝宝不会缺钙，但是会缺乏维生素D。因此，纯母乳喂养的宝宝可以适当补充富含维生素D的制剂，在阳光好的时候抱宝宝到户外活动，适宜的阳光照射会促进皮肤维生素D的合成。

祺祺的外婆还会定时端起祺祺的大腿想给她把便，不过祺祺用一会儿力就开始反抗，也许是之前被把尿把怕了，一遇到这样被端起她就心有余悸。祺祺不停地动，还很用力，脸一会儿红一会儿白，感觉很痛苦，表情就像是电影中某个人被捅了一刀，看了之后简直让人的心都碎了。最后她的样子实在让人不忍心，我跟祺祺的外婆说，算了吧。于是我帮祺祺收拾好，洗完屁股再穿好尿不湿，她才开始平静下来，吃着奶慢慢入睡了。

> 一般宝宝1岁以后才进入训练排便时期，在这之前给宝宝把便为时过早。一方面宝宝不懂得配合，另一方面妈妈也容易产生挫败感。如果经常给宝宝把便，还可能伤害宝宝的自尊心，或增加脱肛的危险。

我下定决心，以后一定让她多喝水，自己一定不吃容易上火的东西，因为不想再看到她那样的表情，我受不了。这样的情况，遇上一次就已经够了。

第五天的晚上，终于，祺祺拉了金黄色软软的一盆"粑粑"，消化得极好，原来不是便秘，是小家伙在攒肚啊！哈哈，这是她第一次攒肚。

医生小科普

宝宝喝水要点

母乳中80%的成分都是水，一般纯母乳喂养的宝宝，0~6个月不需要再额外喂水，过多喂水会增加宝宝肾脏的负担，还会影响宝宝的吃奶量。以下是需要喂水的几种情况：

1. 如果在纯母乳喂养期间，宝宝出现高热、大汗、呕吐、腹泻等情况时，应给宝宝补充水分，最好用淡盐开水，以防脱水或发生电解质紊乱。

2. 如果宝宝一天的小便次数在5次以下、大便干燥甚至便秘，那么一定要给宝宝喂些水。

3. 如果宝宝嘴唇干燥，且经常用小舌头舔嘴唇，也需要喂水。

4. 如果宝宝尿色为较深的黄色，在排除服用维生素，特别是B族维生素的情况下，可考虑给宝宝补一点水。

我家的"睡前小仪式"

叙述者／小语（北京）
宝宝／千千（2岁）

转眼，千千已经2岁了，是一个身体棒棒、能说会道、每天都很快乐的小人儿。从千千4个月开始，我跟老公便坚持睡前跟他一起共度特殊时光，稍微大一点，加入了为他抚触捏脊，从不间断。这样固定的"睡前小仪式"，让千千养成了很好的睡眠习惯。

属于全家人的特殊时光

在孕期一个很偶然的机会下，我听了一堂免费的"正面管教"课，课堂上老师讲到了亲子共处的特殊时光。所谓的特殊时光，是指一段专属于你和宝宝的时光，任何人都不得打扰，任何事都不能占用，你需要提前把手机关好，做一个有仪式感的开场，比如你和宝宝可以互相拥抱，或者准备一个小铃铛摇一下铃。听课时，我的脑子仿佛被点亮了一样，当时就觉得，等我家宝宝出生后，我一定要给他这样的特殊时光，同时，我也要让老公参与进来。

千千出生后，不太好带，人家月子里的宝宝都很安静，但是他却总因为肠绞痛在晚上7点开始哭闹不止，好不容易睡着了也时常醒来，一夜的睡眠被分成了好几段。我也被折腾得有些害怕夜晚的来临了。

> 婴儿肠绞痛是由于胃肠发育尚不成熟引起的以肠胀气为主的现象，多发生于宝宝生后4~6个月。遵医嘱服用西甲硅油和益生菌有一定的缓解作用。

千千6个月的某一天，晚上到了固定的时间点他竟然没哭，我提心吊胆地等待着即将来临的哭闹，然而，好几天过去了，他都没哭。我跟千千爸说："瞬间觉得这段原本很难熬的时间，变得美妙无比。"这时，我头脑里火光乍现一般蹦出了"特殊时光"几个字。于是我跟千千爸商量，把每天晚上7点到7点20分这段时间当作我们和宝宝的特殊时光。

在这个过程中，我俩都把手机调成静音，以摇铃铛为开始的信号。

建议父母在跟宝宝互动时，最好能够全心全意。一边看手机或者一边看电视会让陪伴的质量大打折扣。虽然宝宝很小，可能完全不会说话、不会表达，但是他能够敏感地感觉到父母的投入程度。

刚开始，在这段特殊时光里，我们会跟千千一起玩游戏，比如拿着手帕跟他玩"爸爸妈妈不见了，爸爸妈妈回来了"的游戏；等他慢慢长大一些，我和千千爸就会轮流给他讲故事，并将故事中的情节角色扮演给他看；后来，他会"钦点"今晚谁讲故事，被点到的人便感觉到莫大的荣幸；1岁多的时候，他开始喜欢看绘本，我们便利用这段特殊时光给他读绘本。

坚持了一年多，不要说宝宝，我和千千爸也很期待这段亲子共处的特殊时光，特别是每天都能看到宝宝成长的小惊喜。那种感觉，是将宝宝交给爷爷奶奶或者保姆带，绝对体会不到的。

遗憾的是，最近千千爸工作忙，总在出差，亲子时光开始只属于我和宝宝两个人了。晚上7点，千千喝完牛奶，坐到床上，我将他放在我胸前背对着我，然后开始跟他一起看绘本，有时候，他会转过头来说："妈妈，我好爱你！"，我的心一瞬间便被甜得化了。

更令我惊喜的是，每次特殊时光过后，宝宝的情绪都很平和，我便趁着这难得的机会和他聊聊天，聊着聊着他就开始犯困了，妥妥地进入了睡眠。我会把他当作成年人看待，和他聊聊今天的天气怎么样，家里的花儿长得如何，电视里播放了什么新闻，以及我的想法之类的。虽然不确定他是否听得懂，但这样的聊天对我来说没什么压力，张嘴就来，而且还有点催眠的效果。

"要捏脊啦""快趴下"

千千的爷爷是中医，千千爸在很小的时候，每天晚上都会被爷爷捏脊。捏脊给千千爸带来了不少好处，除了长这么大基本没怎么打针、吃药，还有个好处，就是长了一米八二的大高个。公公身高一米七五，婆婆身高一米五，从遗传学来看，将千千爸个子高的原因归功于"捏脊"也不为过。因此，在千千7个多月的时候，千千爸就开始有样学样地给千千捏脊。

捏脊对宝宝无副作用，具有增强宝宝脾胃功能、促进宝宝生长发育、增强抗病能力的功效。

我们把捏脊这个环节放在了特殊时光的后面，每次特殊时光结束，我便大喊一声："要捏脊啦。"很奇怪，每每喊完这句话，千千就会自己乖乖趴下。后来他会讲话后，我每次喊"要捏脊啦"，千千便一边忙不迭地趴床上一边念叨："快趴下，快趴下！"模样憨态可掬。

最开始，千千其实并不享受捏脊的过程，有时候千千爸给他捏脊，他会哭，会跟条小虫子一样往前拱，我便在旁边讲故事或者说话安抚他。到后来，我摇铃铛抱抱他，说特殊时光结束啦，他就会跟我说："要捏脊了呀。"

捏脊其实很好操作，洗净双手，抹上婴幼儿按摩油，从宝宝的尾骨部位开始，两手沿着脊柱的两旁，轻轻地把皮肤捏起来，边提捏、边向前推进，直到脊背最上方，反复3~5次就可以了。

有时候捏脊完毕，千千好像还没过瘾，我便会再加点功课，

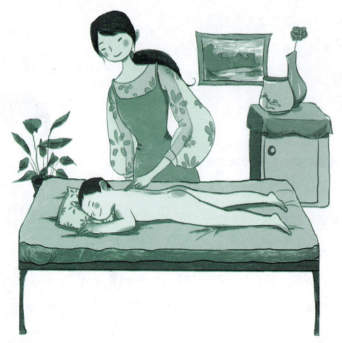

给他 松松皮，其实也就是用很小的力度帮助他从头到脚揉揉按按，没什么手法，宝宝看起来很享受就好。

每次捏脊外加松皮完毕，千千就已经困了，连聊天的环节都省了，大概晚上 8 点到 8 点 30 分的时候，他就会睡得很香甜。

最近，小人儿又私自加了睡前小环节，那就是在睡觉前要抱着妈妈的脖子说："妈妈，我爱你！"并要求妈妈回应一句，然后唱一首歌，再发出仪式性的口令："关灯！睡觉！"

我希望这些睡前的小环节，让他身体更强壮，让他心里更有爱。到今天，2 岁的千千不爱哭闹，情绪平和，很小的事情便会让他特别开心。我想，也许是因为特殊时光让宝宝感觉被爱，也许是因为他的睡眠质量得到了提升，总之，就像花儿得到了足够的阳光雨露一样吧。

> 经常给宝宝手法轻柔地揉按，一方面可以促进宝宝的血液循环，另一方面这种亲密的肌肤接触可以增进亲子感情。需要注意的是，揉捏的时候，要注意宝宝的状态，看他是不是很享受，以宝宝感觉舒适为宜。

医生小科普

怎样捏脊才有效

捏脊看似简单,但是也要注意方法才能取得好的效果。

小儿捏脊诀窍

第一至三遍:只捏。从尾骨捏到大椎后向上提两下,反手用2、3、4指尖贴脊柱向下抹,直至尾骨;接着捏起尾骨上的肉开始第二遍。

第四至五遍:捏起尾骨的肉向上提一下,然后每捏两下提一下,提到肋骨处就不要提了,按老办法一直捏上去到大椎再反手下来。

小儿捏脊要点

1. 捏到大椎处一定要提两下,然后再向下抹。
2. 第四五遍捏尾骨第一把就要提,提到肋骨就不要提了。
3. 捏完五遍后,要用手掌从上向下来回搓几遍,令其后背发红、发热。最后还要在尾骨上拍三下。

小儿捏脊注意事项

开始时手法宜轻柔,以后逐渐加重,使小儿慢慢适应。	每天捏脊一次、连续7~10天为一疗程。疗效出现较晚的宝宝可连续做两个疗程。
要捏捻,不可拧转;捻动推进时,要直线向前,不可歪斜。	捏脊疗法适用于半岁以上到7岁左右的宝宝。年龄过小的宝宝皮肤娇嫩,掌握不好力度容易造成宝宝皮肤破损;宝宝年龄过大则会因为其背肌较厚不易提起及穴位点按不到位而影响疗效。

欲罢不能的抠鼻涕

叙述者 / 屁桃妈（湖北武汉）
宝宝 / 屁桃（5个月）

第一次给宝宝挖鼻涕是在她出生才几天的时候，因为是顺产，那时我们已经出院在家了。那是一个非常晴朗的白天，宝宝还在熟睡，阳光照得宝宝的脸非常柔和，我忍不住凑近她的小脑袋仔细瞧。就在这个时候，我发现她的小鼻子里有一坨暗乎乎的东西，是鼻涕，天啊，还是超大一坨鼻涕，强迫症发作的我，手痒地就要去宝宝鼻子边抠。

才出生几天的宝宝真的太小了，她的脸还不到我的一个巴掌大，用手是不可能从她的小鼻子里抠出那坨鼻涕的。我想起怀孕时看过的育儿经，里面有提到用卫生纸卷成条状伸进宝宝的鼻子里，慢慢将鼻涕带出来的方法。我按照这个方法做了一根细细的卫生纸条，伸进宝宝的鼻子往外带，但是效果并不好。宝宝受了刺激小嘴开始一撇一撇的，可能是因为鼻涕结得太多，所以带不出来。看她睡得香甜，好像呼吸并没有受到鼻涕困扰，我也就作罢了。

之后，我便开始向朋友们打听抠鼻涕的办法，闺蜜向我推荐贝亲的细轴棉签，说她家宝宝用这个棉签粘鼻涕，很容易就粘出来。我赶紧买了一瓶回来，这棉签的棉头是葫芦状，很细，只有普通棉签的一半大小，十分柔软。趁宝宝熟睡时，我取一根棉签小心地伸进宝宝的鼻子口，轻轻往鼻涕上一粘，果然粘住了，我喜出望外，往外拉时我被小家伙的鼻涕给震惊了，好长一截呢。

> 小宝宝鼻腔尚未发育完善，且鼻腔短小、鼻道狭窄，鼻腔黏膜娇嫩，极易受到外界刺激后充血而导致分泌物增多，在鼻腔里形成鼻涕。

> 给宝宝清理鼻孔时注意不要将棉签伸入太深，否则宝宝会感到不适，也容易出现意外。如果鼻涕被捅到深处了，要停止抠，等它慢慢滑出再清理。

弄出宝宝的鼻涕后,我如释重负。虽然小家伙一直在睡,但是我总觉得没有鼻涕的阻碍后,宝宝在睡梦中都带着笑,我的心都像化在春风里一样,爽快得不得了。

在宝宝满月的时候,她睡觉时哼哧哼哧的声音越来越重,鼻涕也多了起来,看着宝宝一边笑一边哼哧哼哧的小模样,我心里就跟蒙了一层霜似的高兴不起来。

这次还是用贝亲细轴棉签给她粘出来的。但是这一次的鼻涕却不全是软鼻涕,还有硬成壳的,鼻子很深的地方都能看见鼻涕的身影,只用棉签已经不行了。我便咨询了保健医生,医生说用热毛巾捂一下鼻子,再轻轻按摩一下,鼻涕就会自己掉出来了,我和老公晚上试了几次,宝宝不反抗,还超配合,估计是因为热热的毛巾蒸汽让她很享受。但是鼻涕出来得太慢,我根本没有这个耐心等它自己掉出来,还是继续借助细轴棉签,能弄出一点是一点。

有朋友推荐我用镊子和吸鼻器,我没敢用,镊子太硬,吸鼻器我又懒得倒腾,但是据朋友说还是好使的,只是要两个大人配合弄才行。

这一段时间宝宝鼻塞得厉害,吃奶的时候吃一会儿就得吐出奶头缓一缓,有时候急了、累了还要哭上几声。吃完奶她会比较乖,在我的怀里不哭不闹,兴许是太累了,不一会儿就睡着了,但睡着时也有呼哧呼哧的呼吸声。

后来我看了《育儿百科》,里面讲到鼻塞是小宝宝正常的现象,不是着凉感冒引起的。因为6个月以内的宝宝能从母体获得免疫抗体,很少会感冒。捂得太热反而容易导致鼻塞和鼻涕增多,使得宝宝呼吸困难。

鼻涕变硬多是因干燥引起,每天给宝宝用温热的毛巾擦洗脸部,冬天可在室内使用加湿器,这些都能起到湿润鼻孔的作用。

鼻腔液滴鼻的原理是刺激宝宝打喷嚏,将鼻屎带出来。

之后,我便开始有意识地给宝宝减一点衣服,盖被子不再往小被子上加盖衣服什么的,吃奶时会到通风好的房间,这样宝宝果然没有那么急躁了,渐渐地鼻涕也没那么多了,呼哧呼哧的呼吸声也没有了。

到4个多月时宝宝比较好动了,对什么都很好奇,我们几乎天天都会带她到外面去走走。这段时间,我隔三岔五就发现她的鼻涕又冒头了,不用凑近就能看到。这个时候的鼻涕不但比从前黑,显得脏兮兮的,而且比从前硬,用细轴棉签粘都粘不了,轻轻拨也拨不出来。我想了各种办法,后来在微信群里发现有妈妈推荐欧润芙的鼻腔液,也有推荐滴香油和奶水的,我不太喜欢用食物往宝宝身上滴,于是先买了个鼻腔液来试试。

看了说明书后我和老公就开始操作,一开始滴的时候宝宝如临大敌,一直哭闹。我只好先往自己鼻子里滴了一滴试试感觉,有点咸,凉凉的,液体会顺着鼻腔流到喉咙,一开始确实会有点不舒服,但很快就没感觉了。

想到宝宝鼻涕不弄出来我会睡不着觉、吃不好饭,我便狠了狠心,固定住宝宝的脑袋,让老公赶紧滴,滴完后宝宝的哭闹也就渐渐消停了。

很快我看到鼻涕有点软了,于是赶紧喊老公用细轴棉签粘出来了。不知道是不是粘鼻涕粘习惯了,宝宝爸爸给她粘鼻涕的时候她很配合,一动没动,粘出来给她看,她还眯眼朝着我们一直笑。

医生小科普

鼻涕为什么不能清理得太频繁

有过给宝宝清理鼻腔习惯的家长渐渐就会发现，越是勤快地清理鼻涕，鼻涕越是像总也清理不干净一样，会一直有，这是因为鼻黏膜是由分泌性细胞组成的，它在受到过度刺激后，分泌会更旺盛。所以，清理鼻涕要有分寸，只要不影响美观和呼吸，就不必清理。过度清理会导致宝宝鼻黏膜轻度受损，鼻涕不但会越来越多，还会使得宝宝易受到进出鼻部病菌的侵袭，鼻炎就是最典型的症状，有的宝宝流鼻血也是因为抠鼻涕损伤了鼻腔而导致的。

需要考虑鼻子被鼻涕堵住的几种常见情况

| 宝宝吃奶时会因为喘不上气而松开奶嘴或乳头，过一会儿再开始吃。 | 宝宝总是有意无意地拿手在鼻子附近蹭来蹭去，像是要擦鼻涕一样。 | 宝宝总张着嘴呼吸，睡觉时尤其明显，而且睡觉时不安稳，翻来覆去，呼吸声音大，能听到噪音。 |

豆子在鼻子里差点发芽

叙述者 / 笑笑妈（海南海口）
宝宝 / 笑笑（2岁2个月）

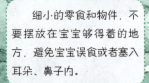

细小的零食和物件，不要摆放在宝宝够得着的地方，避免宝宝误食或者塞入耳朵、鼻子内。

笑笑很小的时候，我便经常跟他讲，什么样的东西不能放进嘴巴里，如果放进嘴巴里会很危险，比如开心果、花生、豆子、玻璃球等。不知道当时他是不是能听懂，反正他快2岁的时候，看到有小朋友吃开心果，会"蹬蹬蹬"上前说："不能吃哦，小宝宝吃这个很危险哦。"他完全是在模仿我的口气。而且即使果盘就摆放在茶几上，他也不会去抓这些小小的、硬硬的零食吃。就因为这样，我对他的警惕性就大大降低了。

有一天，我们点开了一个教宝宝培养良好生活习惯的电视节目，一起看了其中一个小故事。故事的内容是这样的：小猪宝宝拿了个小东西塞进鼻子里，然后再用力把鼻子里的东西喷出来，他觉得这个游戏很好玩，后来就找到一个黄豆，也塞进鼻子里了，再用力一喷却没把黄豆喷出来，小猪宝宝着急了，用手使劲抠也抠不出来。后来猪妈妈把他送到动物医院，熊猫阿姨帮小猪宝宝把鼻子里的黄豆夹了出来，并跟小猪宝宝说："小朋友，这很危险，以后不要往鼻子里塞东西，也不能抠鼻子哦！"

看这个节目时，笑笑乐得前仰后合，我们当时也没多想，还觉得挺有教育意义的，宝宝应该是看懂了吧。

那天下午，我看到笑笑不停地抠鼻子，我跟他说："宝宝不可以这样，这样不好看，不文明。"笑笑把手拿开，但是不一会儿，又开始歪着头抠。我以为他在模仿电视里的小猪，便再三跟他说："不可以。"现在想来，我真的是后悔，当时如果我问他鼻子怎么了，而不是再三阻止他抠鼻子，以他当时的语言能力，他应该会表达出来。

第二天，笑笑仍然歪着头不停地抠鼻子，而且很烦躁，我开始抱怨起电视节目来，跟笑笑爸爸说："看来小宝宝的节目真的要精挑细选，你看，笑笑现在就跟那头抠鼻子的小猪一样了。"

第二天晚上，笑笑开始出现不明原因的低热，而且哼哼唧唧，哭个不停。因为体温一直也没有特别高，我便在家给他进行物理降温。整个晚上，他睡得都不踏实，我也差不多一夜未眠。到第三天早上，笑笑的体温虽然还有点高，但是精神状态貌似稍微好点了，我悬着的心刚刚落了地，又发现他开始流鼻涕，而且鼻涕呈浓黄色，有很大的味道，走近宝宝身边就能闻到那种臭味。

> 鼻腔异物一般只会引起单侧鼻孔堵塞，不会有太多明显的症状，家长需要仔细留意宝宝的异常举动。

> 当宝宝的鼻涕出现明显的异常时，就要考虑宝宝的鼻子部位是否有什么不适。

我想着可能是感冒了，便抱着笑笑去到小区诊所，大夫说："没见过这种症状，要不先输液退热吧。"我听了觉得不太稳妥，便给老公打电话，老公说只怕是鼻子出了什么问题，这几天笑笑就没停止过抠鼻子，让我赶紧抱着宝宝去大医院看看耳鼻喉科。

我这才赶紧打车去了医院。挂号、排队，终于轮到了我们。接诊的是个戴眼镜的女医生。医生听了我的描述并观察了笑笑的症状后说："可能是什么东西塞鼻子里了。"随后，她又拿来东西一照，很确定地告诉我，是有异物进了鼻腔。

医生一边跟我们说这种情况有多危险，一边问我们："宝宝早上吃过东西没？"我忧心忡忡地说："没有，他一直不大舒服，连水都不肯喝。"医生听了说："那这样正好，我们需要给宝宝全麻，取出异物。""天啊，全麻！会有危险吗？"医生看我很震惊，说："全麻不危险，不麻才会有危险，你别小瞧这种鼻腔进了异物的情况，有时候小宝宝不懂事，把小东西塞进鼻子里，抠又抠不出来，越弄越深，弄到气管里，甚至会有生命危险。"我真的被吓到了。

> 小宝宝不懂配合，全麻可以避免医生在操作过程中由于宝宝挣扎可能带来的伤害。

给宝宝全麻后，医生便用镊子等工具熟练地操作起来，我在一旁提心吊胆地看着，医生竟然从一侧鼻孔里取出来3粒已经发胀了的绿豆。医生开玩笑说："你们再晚来几天，这豆子都要发芽了。"我们走的时候，医生还一直叮嘱说："这个年龄的宝宝，爱尝试，家长尤其要盯紧。上次我们科来了一个小孩，一直低热、哭泣，家长带他在诊所输了一个星期液才送过来，结果是一颗花生进到肺里去了，你说说这多危险，宝宝多受罪呀！"

这件事情让我特别后怕，也很自责。豆子取出来后，笑笑回家没多久就退热了，也不流味道奇怪的鼻涕了。但是到现在已经好几个月过去了，他还是特别爱抠鼻子，而且有时候半夜会流鼻血，也不知道是不是因为鼻腔黏膜受到了损伤。

医生小科普

小宝宝把东西塞到鼻子里怎么办

　　小宝宝经常会把东西塞到鼻子里,如果由鼻子进到鼻腔,宝宝暂时不会有危险。家长可试着按住另一侧鼻子,让宝宝擤鼻涕,如果东西是刚塞进去的,可能会被擤出来。

　　家长千万不能尝试用镊子等工具自己在家动手取异物,像豆子、巧克力、糖豆等光滑的东西,用镊子是夹不住的,反而可能把异物捅到鼻腔深处甚至捅进气管,那样就会造成生命危险。

　　此外,如果不给异物周围因受刺激而肿起来的鼻黏膜涂上药,异物也不会很容易地被取出来。所以,此时应该及时去医院,只有医院的耳鼻喉科才有能夹住这些东西的器具。

如果有小飞虫飞进小宝宝的鼻孔,该怎么办

　　有时候小宝宝自己没有塞东西到鼻孔,但是会有小飞虫飞进鼻孔里,这时家长也不要用手或别的东西去挖,那样只会使小飞虫往里钻得更深。此时应该立即让宝宝躺下,用一只小小的手电,或者手机上的手电照向鼻孔,如果小飞虫还活着,可能会顺着光亮出来。另外,妈妈可以立即拔下自己的一根头发,放进宝宝没有异物的鼻孔里轻轻转动,一般情况下,宝宝会打喷嚏,飞进鼻孔的小虫就会随着喷嚏出来了。如果上述方法都没有成功,最好立即就医。

小蚊子，大烦恼

叙述者 / 叮当妈妈（湖南长沙）
宝宝 / 小叮当（2岁半）

我现在还记得，小时候有一个暑假，我每天都去医生那儿打针，那时候打针是打在屁股上的，一个暑假下来，我的屁股都被戳成了"筛子"。每天晚上，我妈就一边用热毛巾给我敷，一边心疼得掉眼泪。而这漫长的打针事件的起因，就是因为一只可恶的蚊子。

那时候条件没有现在好，傍晚在外面乘凉，妈妈说看见一只花脚蚊子在我腿上叮了一下，被叮的地方眨眼之间就起了一个大包。因为痒，我便一直挠啊挠，后来，皮被挠破了，再后来，我的一整条小腿都感染了，又红又肿，不能走路，而且每天都伴有低热。

已经不记得当时去医院检查的结果了，我只记得医生让住院，但是家里没人照料我，所以改成每天去医院打针。到现在，看到花脚蚊子"嗡嗡"地打转，我都会胆战心惊。

防蚊利器　蒙古包蚊帐

叮当2月份出生，到蚊虫肆虐的夏季，正好学会翻爬。我上班后，就是我妈在家帮忙带叮当。估计当年那只蚊子引发的医疗事件，比我心理阴影更大的就是我妈了。她在照顾叮当时，采取"杀敌三千，自损八百"的方式：每到傍晚，她就会在家里烧灭蚊片，然后关门闭窗，把叮当抱出去。等灭蚊片烧完，她将房子开窗透气，再把叮当抱回来。

> 被蚊虫叮咬后，如果用手抓挠到破皮，指甲上的细菌便容易在破皮处形成感染。不过，家长也不用太过忧心，被蚊虫叮咬后，只要及时采取有效措施预防感染，一般不会发生严重情况。这些措施包括用酒精或生理盐水消毒，热敷以及口服消炎药等。如明显感觉身体某个部位出现异常，应立即到正规医院就医，及时治疗可以避免严重的并发症。

> 灭蚊片的毒性由其含有的杀虫剂量大小决定，达到一定程度才算有毒。正规灭蚊片一般不会对人体构成危害。但使用灭蚊片还需要注意方法，比如一次用量不要过大，烧过后要及时通风散气。如果家长实在不放心，选择蚊帐等物理防蚊方法也是很好的。

不得不说，灭蚊片杀蚊效果真的超级好，烧完灭蚊片后，家里可以说没有一只蚊子的"活口"。但是我觉得不放心，灭蚊片既然能杀死蚊子，就肯定也会对小宝宝有毒副作用。每天晚上我一进家门，就能闻见没散尽的灭蚊片的味道。在我的建议下，我妈放弃了灭蚊片，改用其他灭蚊方式了。

最开始，我们买了驱蚊灯，我觉得这种方式对宝宝最无害，但是用过几晚后，发现驱蚊效果不好。每天早上起床，叮当的身上都会有几个蚊子叮咬的小包。本来我是家里最招蚊子的人，如果家里有我，其他人都没有被蚊子叮的担忧。但是自从小叮当出生后，成功接棒成为最受蚊子欢迎的人，每每都是叮当遭遇袭击。

驱蚊灯通过特殊的光材料，散发蚊子特别讨厌的光线来实现驱蚊效果，而这种光线一般对人体无害。

我妈心疼小叮当，于是背着我去超市买了蚊香，晚上我睡觉她就偷偷在床边给点上，使用蚊香那几天，叮当确实又没被蚊子袭击了。我还纳闷来着，结果有天半夜我起床上厕所，就发现了真相。

目前得到证实的是，蚊子比较喜欢叮咬汗味重的人。因此，家长经常给宝宝洗澡可以减少蚊虫叮咬。

我跟我妈说："蚊香杀蚊子的原理跟灭蚊片一样吧，你这样不是害叮当吗？"我妈着急分辩："这是儿童蚊香，我问了超市的导购，人家说是完全无害的。"其实说这话时，我觉得我妈自己也不相信，要不她也不会背着我点。过了很久，她才跟我说："以后不点了。妈妈也是被你小时候那次吓坏了，总觉得没有蚊子就心安了。"

上班的时候，我问及同事家的防蚊措施，同事说哪有什么措施啊，买个蚊帐就好了嘛。我一拍脑袋，竟然忘记了有这么个天然无污染的防蚊利器，于是一下班我就奔商场买来一顶蚊帐，是宫廷公主风的，到家后全家兴奋地将蚊帐安上，蚊帐粉色的纱帘垂着，风扇一吹，随风飘动。老公说："这玩意儿好，又防蚊，又漂亮。"

但是事实证明，漂亮的东西往往难以兼顾实用。晚上将蚊帐里的蚊子赶干净后，我妈便把蚊帐门用夹子夹住。然而，我们都忘记了，小叮当已经是一个翻滚利落的小人儿了啊，他拳打脚踢，蚊帐下摆频频被撩起来，蚊子们便趁机进去"饱餐"，早上那些撑得飞都飞不动的蚊子歇在蚊帐上，一打血一片，我心里别提多恨了。

于是我又去问同事："你们家的宝宝晚上不会踢开蚊帐吗？"同事答："不会啊，我们家买的蒙古包那种，四周都是拉链，拉一圈，不但能防蚊子，还能防止宝宝掉床。"醍醐灌顶啊，原来最简单的才是最实用的，我赶紧给叮当换了蒙古包蚊帐，自此，全家再也没有晚间被蚊子叮咬的烦恼了。

中看不中用的驱蚊手环

除了在家里做蚊虫的防御工作，我其实还关注带宝宝去室外用什么防蚊，因为傍晚的时候，我妈常常抱叮当出去散步，也就经常导致叮当被蚊子袭击。

> 家长带宝宝外出时应尽量少去或不去有青苔和草丛密集的潮湿地方，在傍晚蚊子开始活动的时候要及早带宝宝回到室内。

在朋友的推荐下，属"外貌协会"的我一下就被驱蚊手环吸引了。一番比价位、挑款式之后，我选了一款价格相对比较贵的手环，并自我安慰说这样不但能驱蚊，还能当装饰，一物多用，尚有超值。

驱蚊手环……好看，而且幽香淡淡，很合我意。但是驱蚊效果真的就一般般了，戴上手环蚊子该叮还叮，而且最为不爽的是，戴了几天驱蚊手环后，叮当的手竟然过敏了，雪白的手腕上，一圈红红的小疙瘩尤为醒目。

对付蚊子叮咬的灵丹妙药

以往叮当被蚊子叮咬后，我们一般把花露水稀释一下，给他不停地抹，一直抹到小红包消失。我也没有刻意选择儿童花露水，就是平常用的普通的六神花露水。我一直觉得所有打着"儿童专用"旗号的产品，不过是一种营销噱头，基本都是成人产品，换汤不换药而已，目的就是多卖几个钱，即使是同一个品牌，儿童产品比成人产品贵好几倍的也都很常见。

后来我妈带叮当出去玩，看到有个小宝宝被蚊子叮咬后，人家奶奶拿出来的是一个特别好看的小瓶子，像武侠片里面装灵丹妙药的容器，里面的东西也不用稀释，抹到皮肤上后，小红包消得可快了。于是她赶紧上前询问，原来那个小瓶子里的药物叫迪肤霜，一般药房里都有卖。到现在，迪肤霜已成了我们家夏季的常备药品。

驱蚊手环之所以有效是因为在其中加入了天然精油，这些精油挥发时散发的香味可以达到驱蚊的目的。不过，很多精油是不适合皮肤娇嫩的宝宝使用的，可能会使宝宝出现过敏现象。

迪肤霜是中药制剂，含有激素，可用于治疗婴幼儿由真菌感染引起的皮肤瘙痒、湿疹、蚊虫叮咬、痱子等，具有杀菌保健的作用，但不能长期使用。

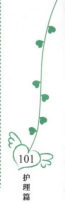

动物园里的恶蚊子

叮当 2 岁多时，对很多小动物都很感兴趣，我就想着带他去动物园看看。由于是夏天，即使是大白天，也到处都是嗡嗡飞舞的蚊子，而且是那种很大的花脚蚊子。没过一会儿，我的身上就被咬了好几个包，在我跟蚊子做斗争时，叮当爸爸大声喊起来："不得了，叮当身上的蚊子咬的包……"

这次被咬的包又大又硬，奇痒无比，叮当一边哭一边使劲抓挠。我们不得已赶紧返回，一路上叮当外婆拿着迪肤霜一直给叮当抹。然而，在花脚蚊子的毒性面前，迪肤霜似乎根本不管用，抹了一遍又一遍，就是不见包块消下去。

到晚上的时候，我身上被蚊子叮咬的包已经好得差不多了，但是叮当身上的却没有好，一整个晚上，包括睡梦里他都在挠。第二天早上，我发现叮当身上好几个包块上面都出现了白色的脓点，包块变得更大、更红、更硬，随后没多久，叮当就发热了。叮当爸爸说："是不是昨天吹了山风感冒了啊？"我赶紧检查了下，发现除了发热，叮当也没有流鼻涕、咽喉红肿等其他症状。叮当外婆当机立断，说必须带叮当去医院检查。

到医院检查后，医生说叮当发热是因为被蚊子咬过的皮肤破损化脓出现感染引起的。医生给配了炉甘石洗剂让擦洗蚊子叮咬处，又开了些涂抹的药物，最后让叮当去输液，同时叮嘱我们不要让叮当抓挠蚊子叮咬处。唉，这真是说起来容易啊，可是，小宝宝他不会听啊，我们只能将他的指甲尽量剪短，免得抓的时候弄破皮肤。

有了这一次教训，以后带宝宝出门时我们要更加小心了。

夏秋季节正是蚊子肆虐的时候，动物园蚊子尤其多，不建议家长带宝宝去动物园。如果非要去，需要做好充足的防蚊措施，比如穿长袖衣裤，使用防蚊喷雾等。

医生小科普

接种流行性乙型脑炎疫苗很重要

蚊子除了吸血,还可能把疾病传播给宝宝,比较常见的一种疾病就是流行性乙型脑炎。因此,家长在防蚊避蚊的同时,别忘了及时给宝宝接种流行性乙型脑炎疫苗。

蚊虫叮咬怎么护理

宝宝被蚊虫叮咬后,家长可以用肥皂或小苏打加水稀释后为其进行局部涂抹,以中和蚊虫分泌的酸性毒素,减轻红肿,也可以用炉甘石洗剂等擦洗叮咬处。同时还要考虑止痒,可在患处抹上绿药膏或紫草膏等药物。

蚊虫叮咬后,家长要让宝宝勤洗手,为其剪短指甲,谨防宝宝抓破患处,避免引起继发感染。

皮肤抓破之后有轻度感染、但没有发热的宝宝,多表现为局部组织又红又硬,这时可使用百多邦、红霉素眼膏等药物涂抹,预防严重感染。

出现又红又硬的脓肿时,千万不要用手挤压,挤压容易让细菌进入血液,可能引起败血症。如果脓肿范围不大,可以等它自己溃烂吸收;如果脓肿范围大,则需要找医生进行穿刺引流处理。

需要注意的细节

花露水等产品在使用时一定要严格按照说明,经过稀释后才能给宝宝使用,皮肤溃烂时,不能给宝宝使用。

皮肤溃烂后,不要给宝宝使用皮炎平、艾洛松等激素类的药物,一旦使用将会使创面出现色素沉淀,并可能导致创面出现不易愈合、皮肤萎缩、继发感染等症状。

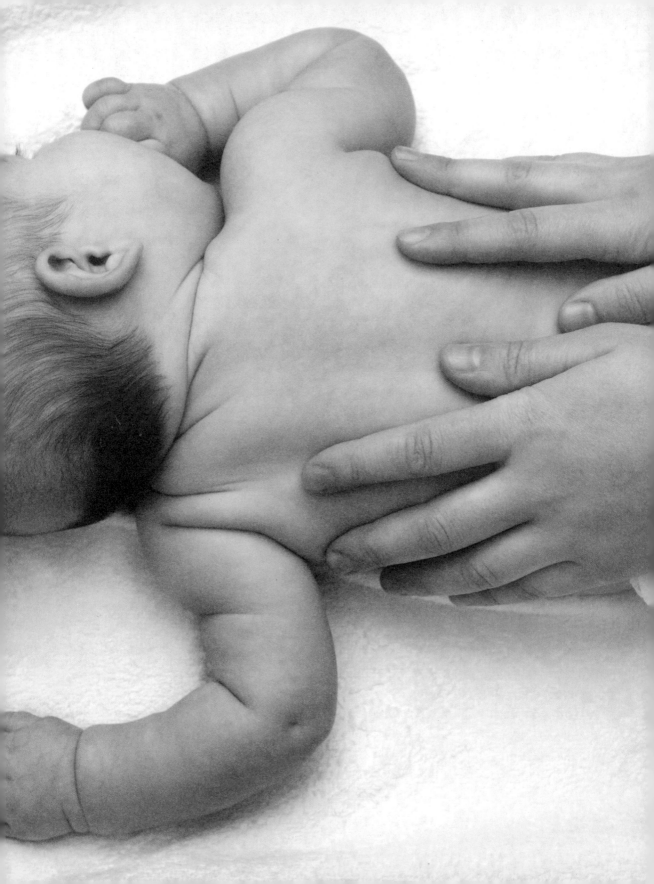

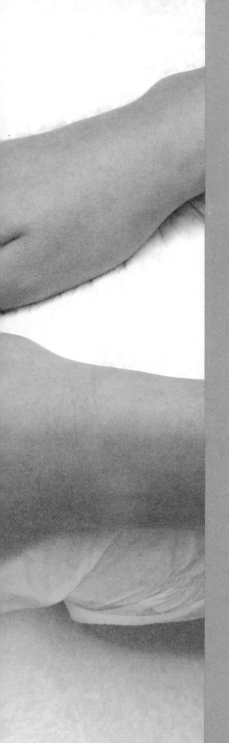

疾病照护篇

宝宝生病了,首先发现症状的就是与宝宝最亲近的人,这个人多半是宝宝的妈妈。此时,宝妈对宝宝疾病的判断就起了最重要的作用,如果判断得对,宝宝就能得到恰当的护理或治疗而不至于出现生命危险。如果判断得不对,这小小的人儿不仅要受罪,还可能面临更多的危险。因此,宝爸宝妈们应该对宝宝常见的疾病有所了解。

甜蜜的噩梦——巨结肠

叙述者 / 壮壮妈（黑龙江哈尔滨）
宝宝 / 壮壮（11个月）

人人都说宝宝是天使，他可以为一个家带来欢笑，也可以为一个家带来希望。可是我的宝宝却给了我和家人一个甜蜜的噩梦，我的宝宝是预产期后第8天剖宫产生下的一个男孩。

"重六斤八两，长50厘米，生于2012年9月11日13点58分"，多么普通的一句话，每个妈妈都听过的一句话，看上去只是在描述一个新生命的降临而已，可对于我而言，它却是宝宝命运诊断书上的第一句话。

晴天霹雳，宝宝你怎么了

宝宝出生的那天，我很幸福，看见老公脸上说不出的开心我就知道，我们的人生要有新的开始了。二人世界变成了一家三口，这种幸福对于初为人母的我和初为人父的老公而言是多么的妙不可言。

第一天晚上很平静，我的刀口没有疼痛，宝宝也安静地睡了一夜，只是安静得出奇，宝宝一夜没有吃奶，也没有喝水，最怪的是胎便也没有排出来。首先是婆婆觉得奇怪，第二天中午医生巡房时我们便对医生说出了疑虑。医生仔细询问了宝宝的状况，得知宝宝接近24小时不吃、不喝、不便、不尿，最让人害怕的是宝宝时不时还会双手抽搐。医生说有可能是脑缺氧，但还要转到大医院的新生儿科进行一系列的检查和观察才能下结论。

当时的我不知道脑子里面在想什么，只知道哭，我害怕自己的天使从出生就没有翅膀，我不想让他失去天空，我还有好多的小计划、小梦想要和他一起去实现……我感觉自己处在了崩溃的边缘。

下午，医院的医生带着老公一起将宝宝送到A医院的新生儿科，只是送进去，为宝宝买了些新生儿用品，之后就是漫长的等待。后来我们找了很多熟人为我们疏通关系，我们想找好的医生，想找好的护士，想多看宝宝一眼，想早点排上队做检查，当然更想早些知道宝宝到底得的是什么病。可是这一切几乎是不可能的，一切都要按照顺序，一切都要静静等待。

第三天我可以坐起来了，看着窗户外面的夜色，看着眼前疲惫不堪的老公，我只能默默地哭泣，总觉得这个生命是因为我才不完整的。是我怀孕的时候吃了不该吃的东西？还是我做了什么不该做的事呢？老公一边安慰我不要担心、不要哭，另一边却还要带着宝宝做各种检查，他心理上承受的是比我更残酷的考验，短短两天整个人就瘦了一大圈。

一般新生儿会在出生后的12个小时内首次排出墨绿色大便，即胎便。如果新生儿出生后24小时内没有排出胎便，就要及时咨询医生，排除肠道畸形的可能。

能治好的病就都不算病

现在回想起来已经忘记是产后第几天确诊了儿子的病——先天性巨结肠。当时的我们对于这个病的概念感觉很模糊，只知道大概是不排便，有一段肠子不正常了。不过，当老公告诉我的时候我确实松了一口气，因为只要能治好的病就都不算病。

儿子的小名叫壮壮，是他的姨姥给他起的，希望他可以健康长大。在家的几天里我每天听着好消息与坏消息来回交替，终于在宝宝第13天的时候，老公把他接回了家。

一路上宝宝都在睡觉，我没有勇气看他一眼，我不知道这个离开了我13天的小生命现在会是怎样的状态。到了家，婆婆一步步地教我给他喂奶，教我给他换尿布，我就像小学生一样一步步地学习。宝宝的小嘴吃着我的乳头特别用力，本来就被吸奶器抽得起泡的乳头再被他狠狠地一吸，我觉得自己快要窒息了，这时才发觉，原来想要做一个合格的母亲多么不容易。

学习给宝宝洗肠

刚开始的时候医生建议给宝宝使用开塞露，几天用一次以保证宝宝正常排便。用第一次的时候效果还是不错的，可是随着月子里的宝宝慢慢长大，用过一次之后他就会有短暂的意识，第二次再使用就非常费劲而且效果也不明显，宝宝的小屁股也有点损伤了。几乎每一次用完开塞露宝宝都要被抱上一天，睡觉也不能放下。开塞露只能解燃眉之急，并不能从根本上治愈疾病。

我们决定去医院找一位很有名的肠道医生，他治愈过很多先天性巨结肠患儿。在检查室做指检时，只要听见宝宝的哭声，我就觉得我的世界都快塌了。给宝宝打针我也不敢看，我怕听见宝宝的哭声，我觉得那就像在惩罚我是一个不合格的妈妈，为宝宝带来了无限的病痛

先天性巨结肠是婴儿常见的先天性肠道畸形，是由于直肠或结肠远端的肠管持续痉挛，粪便淤滞在近端结肠，使该肠管肥厚、扩张形成的。临床表现为胎便排出延缓、顽固性便秘和腹胀，还可出现呕吐、营养不良和发育迟缓等症状。先天性巨结肠由于病变部位不同，症状的轻重也不同，需要专业医生诊治。

当宝宝生病时，妈妈常常会非常自责，认为自己照顾不周，这种想法是错误的。每一个宝宝的成长都是与疾病相伴的，当疾病发生时，妈妈作为宝宝最依赖的人，一定要积极、乐观、坚强，这样才能陪伴宝宝更好地战胜疾病。

与苦难。

由于治疗巨结肠需要学习洗肠,所以在壮壮出生第 32 天的时候,壮壮第二次住院了。宝爸开始认真地学习洗肠。学习洗肠也是有忧虑的,因为我们害怕宝宝失去了自主排便的意识。第一次洗肠时,壮壮在病房的床上哭,宝爸和我的小姨按着他,而我一个人在病房外面的走廊上哭……

> 洗肠是指将肛管从宝宝的肛门塞入,把生理盐水用注射器打进去再抽出来,如此反复,直到生理盐水不带便为止。洗肠可以促进肠管蠕动、扩张狭窄段、清除粪便、减轻腹胀、增进食欲。

后来,我们认识了另一个患儿的爸爸,他家的男宝宝 1 岁了,也是先天性巨结肠患儿,他自己在家为宝宝洗肠一年,在宝宝满 1 岁的时候带宝宝来做手术。快出院的时候我见过那个宝宝一面,他看上去很健康,而且发育得很好,牙齿、身高、体重,似乎一点都没有耽误。我非常感谢这个患儿的爸爸,是他让我确定这只是一个麻烦的病,但不是一个很重的病。

刚开始给宝宝洗肠时,我们必须两个人按着宝宝,然后让宝爸来操作。由于宝宝太小,坏死的肠段太细,管子很难进去,所以每次洗肠我们都需要 30~50 分钟,这对宝宝的膀胱和别的器官都是一种伤害。可是没办法,我们必须一直坚持下去。

出院之后,我们每天晚上给宝宝洗肠一次,早上打少量的盐水排气一次。因为洗肠降低了宝宝的免疫力,壮壮患了支气管肺炎又第三次住院了。现在回忆起来,只能说壮壮第三次出院之后,我们才体会到了快乐。宝爸学会了洗肠,只是偶尔在壮壮不高兴的时候不顺利,其余时间很快就能完成,而且之前不能自主排便的忧虑也不存在了,因为壮壮在没有洗肠之前,肚子胀得非常难受,他会有意识地自己用力排便。

手术很成功

> 当宝宝被确诊为先天性巨结肠后，应尽早进行根治手术以切除无神经节细胞段和部分扩张结肠，这样有利于减少各种巨结肠并发症。但巨结肠根治手术种类多样，各类术后并发症也并不少见，应根据病情及技术条件选择适当的手术方式。

壮壮是在7个月的时候住院准备接受手术的，这之前我们一直待在家里很少出门。每天我会给壮壮拍一张照片，记录他第一次吃手、第一次翻身、第一次扶着东西站起来、第一次大笑……一切的一切我都为他记录了下来。虽然他在人生的一开始便承受了别人没有承受过的痛苦，但是我希望长大后的他能知道，生病的自己笑起来其实比任何人都可爱。

一切的准备都只为最后一次的努力，各种检查，等待病房，术前准备，手术开始的时候我们还有一种恍惚的感觉，这个病的"路程"终于已经要过半了。

手术当天从早上开始宝宝就不能吃，也不能喝。由于壮壮的手术难度很高，所以被排在了最后，下午一点才开始。一分一秒都那么难熬，护士在病房给壮壮插鼻管，他没有力气却依旧在哭，哭累了就睡一会儿。我紧紧地把他抱在怀里，爷爷奶奶一直陪着我和宝爸，每个人都流泪了。护士一直劝我，不要当着宝宝面哭，宝宝看见妈妈哭他会害怕，家人应给宝宝勇气，帮他一起闯过这一关。

从病房抱着宝宝到手术室，之后把宝宝交到麻醉师的手上，我不停地对麻醉师说"麻烦您""谢谢您""照顾他"。我相信当我的宝宝再次睁开眼睛看见这个世界的阳光时，病痛将不会再缠绕着他。说不出当时的心情有多么绝望，虽然是小手术，也相信医生的能力，可我还是害怕，怕一切可能发生的或无法预知的危险。

6.5个小时里，我们不知道手术室里面发生了什么，只能静静地等待。看见主刀医生出来的一瞬间，我本能地跟上去，却不知道应该问什么，他似乎也知道我想说什么，回答说很成功，但却是开腹做的手术，先是经肛门手术，但是因为病变段太靠上没有成功，所以决定开腹，切掉30厘米的肠子，刀口大概10厘米长，现在正在缝合，一会儿宝宝就会被推出来。医生的话似乎给我们打了镇静剂，焦急了6.5个小时的心终于可以开始期待了，期待看见我们的天使被推出来的那一刻。

半个多小时的缝合后，宝宝被推了出来，回了病房带上心脏监控仪等仪器。高热不退的宝宝到第二天也没有睁开过眼睛。其实对宝宝而言，真正的苦难才刚刚开始，插着胃管、尿管、肛管，他不能乱动、不能喝水、不能吃任何东西，这种状态至少要维持7天。这对一个大人而言都已经很难熬，何况是一个还不会说话、无法表达的宝宝呢？可是让每个人都惊讶的是，这7天非常平静地过去了，宝宝没有彻夜地哭闹，只是静静地睡觉，难受的时候就抱着我的脖子让我在床边陪着他。躺在床上的宝宝那么憔悴，一天一天地瘦了下去，终于到了拔掉身上所有管子的时候，可他已经没有力气站起来了。

他是个正常健康的宝宝

"五一"的前一天，壮壮出院了，不管是刀口还是精神状态，都恢复得很快。从拔掉身上所有的管子开始,他就像换了一个人，好像从没得过病，也没有经历过手术。这样的宝宝让人怎么能不爱！

医生要求术后扩肛6个月，这是一个过程，一个我们必须要经历的过程。开始的时候扩肛不太顺利，因为他越来越大，自己的意识也越来越强，所以总是哭闹不止，我们只能强行按住他，慢慢地他就习惯了。从开始的每天一次到后来的两天一次，到现在的三天一次，还有两个半月扩肛就结束了，他的病就彻底好了。

很多时候，我就像对待健康宝宝一样对待他，在吃上面要求他营养均衡，不挑食。现在的他排便很正常，复检的时候医生说恢复得很不错。不过，毕竟手术时切掉了30厘米的肠子（这么大的宝宝肠子大概只有1米长），所以他几乎每天排便一次或者两天排便一次。消化功能也不太好，有时候吃进去的柿子之类的食物根本消化不了。还好他的体重直线上升，除了三天一次的扩肛，他就是个正常健康的宝宝。

我从没有像有的家长一样隐瞒宝宝的病，我希望用我的经验帮助那些在最初知道宝宝得病时彷徨无助的家长，带他们走出阴霾。我要让他们知道，现实中这种病并不可怕，虽然有很多的不确定因素，但是，只要我们认真对待，这种病是可以治愈的。

> 扩肛也叫作肛管扩张，是指用手指或专门的扩肛器械扩张肛门的方法。扩肛可以刺激患儿肠蠕动，训练排便功能，并改善术后排便功能。

> 原则上应该给予患儿高蛋白、高热量、高维生素、易消化吸收、少渣的饮食，并提供患儿喜爱的食物以增进其食欲。

团子经历了两次红屁股

叙述者 / 成小溪（上海）
宝宝 / 团子（2岁半）

早在团子出生前，我便囤了很多婴幼儿用品，比如尿不湿、婴儿湿纸巾、痱子粉等。初为人母，没有带宝宝的经验，所有的爱都表达在"买买买"上。团子出生时，正值人间四月天，温度宜人，出院回家后，婆婆来上海帮忙照料团子。

第一次遭遇红屁股

月子里，婆婆不同意给宝宝用尿不湿，一方面是为了省钱，另一方面也是觉得宝宝不舒服。我安慰她说，这些尿不湿都买来了，不用才是浪费钱呢，而且这些尿不湿质量好、超透气，不会把团子捂着的。说实话，在孕期我就买过很多宝宝尿不湿的样品，经过了各种比对，测试吸水性、手感等，只恨不能用在自己身上帮宝宝体验下。最后我选了好奇铂金装的，我觉得不管是手感还是观感，都是很不错的。婆婆被我说服，开始用起了尿不湿，每次换尿不湿时，都会拍拍宝宝小屁股说："怪哉了，这东西真好用，明明一包尿，团子这小屁股却是干爽的。"

> 尿不湿是近20余年才在国内普遍使用的，很多老人都会对使用尿不湿心存疑惑，其实国外的宝宝一直都用尿不湿。另外，随着尿不湿品牌的不断更新换代，尿不湿的质量也越来越有保障。只要在购买时多用心，多对比，选择吸水性好、干爽透气、面料舒适、设计贴心的，就能保持宝宝屁股干爽的状态。

有些宝宝从出生几天后就开始每天多次排出稀薄大便。大便呈黄色或黄绿色，每天少则2~3次，多则6~7次。但是宝宝一直食欲很好，体重也正常，这种腹泻又叫母乳性腹泻，因为宝宝刚出生，胃肠功能还不是很好，妈妈的奶营养成分太高，宝宝无法都吸收，所以才会拉稀。母乳性腹泻是一种正常现象，一般不影响宝宝的正常生长，也不需要任何治疗。随着宝宝月龄的增长，这种现象会缓解或消失。

宝宝每次大小便后，家长应将宝宝的小屁股用温水（36~37℃）洗净、擦干。用湿纸巾擦洗小屁股后还是会有尿液、粪便残留的，而且湿纸巾中的成分可能会导致宝宝皮肤过敏，应尽量少用。

后来，团子有点母乳性腹泻，一天拉好多次，有时候会边吃边拉。每次拉完，婆婆就赶紧端盆温热水过来，我俩一起给宝宝洗，月子里的宝宝软趴趴的，每次给他洗屁股都把我们累得够呛。

有一天，我突然想起囤货里的婴儿湿纸巾，如获至宝，赶紧将箱子拖出来跟婆婆说："科技解放劳动人民，差点忘记这好东西啦。"我眉飞色舞地给婆婆介绍："以后宝宝拉'粑粑'再也不用水洗了，只需用这款湿纸巾，轻轻一抹丢垃圾筐就可以啦。"因为有尿不湿的成功经验在前，婆婆欣然接受了我的建议。

用湿纸巾后，因为不洗屁股，我和婆婆的工作量减轻不少。但是第二天早上，科技就给了我一"巴掌"。以往拉完"粑粑"团子会长长嘘口气，躺在床上，等着大人给他洗屁股，样子很享受。可那天团子拉完"粑粑"便哇哇大哭起来，婆婆赶紧打开尿不湿，用湿巾纸给团子擦屁股，擦的时候团子小腿使劲蹬，哭得小脸通红。婆婆说："小溪，快看宝宝这小屁股是怎么了，红红的，还发亮，像是要破皮了。"我看了一眼，心疼极了，赶紧让婆婆给团子倒点水，洗干净后再扑点痱子粉在上面。

但是使用痱子粉后也没什么效果，上午11点多，团子又拉了，撕心裂肺地哭，婆婆用湿纸巾擦干净后，便看到他的屁眼周围的皮肤上起了小水疱，好像用什么东西轻轻一碰就会破掉一样。婆婆倒了一盆温热水，抱着团子，我很小心地用软纱布轻轻给他擦洗。婆婆说老家的宝宝出现红屁股后，会用炒熟的香油涂一涂，问我要不要试试。把香油这种油腻腻的东西涂抹在屁股上，光想想我就觉得很恶心，但是，为了团子少受罪，我也只能半信半疑试一试。

我拿来炒好的凉凉的香油，用干净的棉签蘸一点，贴在团子屁股红肿起水疱处，轻轻滚动，涂抹均匀。涂完晾了几分钟，我拿来尿不湿准备给宝宝包上，婆婆说："要不就用几天尿布吧，也许好得快点。"

就这样连着涂了两天香油，每天涂三四次，又用尿布替换了尿不湿。到第三天，宝宝的屁股终于恢复正常啦。我跟婆婆总结了一下，罪魁祸首应该是婴儿湿纸巾，而不是尿不湿，于是该洗屁股洗屁股，婴儿湿纸巾果断弃了。

> 油脂能在宝宝的皮肤上形成一层保护膜，可以有效地减少宝宝大小便对皮肤的刺激，从而达到预防和改善红屁股的效果。不过这个偏方只有在出现轻微红屁股的时候才可以使用，轻微红屁股是指宝宝的皮肤仅出现发红、起小疹，并无溃烂。

旅行期间，又红屁股了

因为婆婆照顾团子很仔细，即使没拉"粑粑"，每天早晚也会用清水洗一下屁股，加上尿不湿换得比较勤快，所以，团子一直到八个多月，都没有再出现过红屁股现象。

团子11个月的时候开始蹒跚学步，那时候我已经上班小半年了，婆婆一个人照顾团子，每天都累得伸不直腰。我跟老公商量了一下，眼下带着宝宝出远门也没啥问题了，干脆就都请几天年假，带上婆婆和团子，一家人出去玩一趟好了。

我们选择了去海南三亚。清理行李箱的时候，老公看到我将大半袋尿不湿往行李箱里压，大笑着说："咱们又不是到蛮荒之地，尿不湿什么的，到三亚再买也行。"我一想，有道理，带上路途中用的就行了，这样行李箱能空出不少地儿来。

到了三亚，我才发现我们太幼稚了，从机场出来我们直接就被酒店工作人员接到亚龙湾，而亚龙湾远离市区，根本就没有尿不湿卖。酒店大厅一角开了个便利店，里面东西的价格比正常价格高出一倍左右，而且没有团子经常用的那款尿不湿。都这个时候了，我也没什么资格挑挑拣拣了，赶紧买了一包拿回房间。

到早上我给团子检查小屁股，才发现小屁股又红了，但不是很严重。我抱着他要给他洗的时候，他哇哇大哭，挥舞着小手想要推开我。婆婆说："只怕是昨天买的尿不湿不好，捂屁股，反正外面天气这么热，今天我们团子就不穿尿不湿和裤子，光屁股出去玩吧。"考虑到海风有点大，我怕他着凉，而且在海滩随地大小便也不好，于是，可怜的团子又穿了一天尿不湿。白天他玩得尽兴，睡着了才抱回房间。因为看他睡得香甜，而且睡之前刚换了尿不湿，我便没喊醒团子给他洗澡。

为了减少宝宝皮肤与尿液、粪便的接触时间，家长最好每隔2-4小时就给宝宝换一次尿布或尿不湿。

如果要出远门，可以提前了解在当地购买同款尿不湿是否方便，如果不方便或查询不到，还是应该携带一些尿不湿。

结果到了第二天早上，团子屁股周围红得发亮，有小块的皮肤已经出现了溃烂，给他洗屁股时，他哭得撕心裂肺，我心里真是难受极了。洗完后我给团子在屁股红烂的地方抹了点婴儿面霜。

白天，我们也无心玩耍了，打车前往三亚市区，唯一的目的就是在市区满大街找团子用的那款尿不湿。不知道是我没找对地方还是怎么着，到处都是吃海鲜的，连个超市也找不到，好不容易找到个小超市，进去一问没有团子用的那一款。

后来好在老公提醒说："三亚这么热，就让宝宝光着屁股也行，当务之急是找个药店看有什么药可以治疗红屁股。"于是我们便赶紧找药店，营业员给推荐了一款叫地奈德的乳膏。这款药膏效果特别好，给宝宝用后，到晚上宝宝的屁股看起来已经好多了，到第二天早上，基本好得差不多了。

接下来的几天，我们都没给宝宝用尿不湿，白天让他光着屁股，晚上让他睡隔尿垫，红屁股现象又消失了。一直到第二次进市区，司机将我们拉到一个叫"明珠"的地方，在那儿我们终于找到了团子用的尿不湿，才开始再次使用。

回想起来，团子用尿不湿期间也并不是完全没有红屁股，轻微的时候一般擦香油就解决了，严重的红屁股也就那两次。现如今，团子2岁半了，早在半年前，婆婆就教会了他想要尿尿的时候喊一声，想要拉"粑粑"的时候就坐便盆，红屁股算是杜绝了。

> 环境温度比较高时，让宝宝光着屁股有利于红屁股症状的缓解，但需要注意保持宝宝阴部及屁股部位的清洁。

医生小科普

宝宝出现红屁股时怎么呵护

宝宝的小屁股被尿布或尿不湿包裹着,拉了、尿了之后如果没有得到及时清理,粪便中的产氨细菌就会分解尿液中的尿素产生氨类,刺激宝宝娇嫩的皮肤,再加上尿液浸渍,就会导致红屁股。

出现红屁股的时候,宝宝患处会很疼,所以擦拭要尽量轻柔。最好用柔软的吸水细棉布蘸上清水清洗,清洗完后不要着急给宝宝穿尿不湿,需要晾几分钟;也可以直接用吹风机,设定在低温挡(可以用手感知一下吹风的温度,以微温舒适为宜),在距离皮肤15~20厘米的地方来回摆动吹3分钟左右;如果天气暖和,还可以让宝宝趴在太阳能晒到的地方直接晒晒小屁股,有利于红屁股的恢复。

谨慎使用爽身粉

爽身粉有预防红屁股的作用,但需要选择不含滑石粉成分的爽身粉。扑粉时也要注意,一定要避开宝宝的口鼻和会阴部,以免宝宝吸入肺里,或者让爽身粉进入女宝宝的阴道、尿道。

要勤给宝宝换尿布,以免爽身粉与尿液、汗液混在一起,形成结块黏在宝宝的皮肤上,刺激宝宝皮肤。

如果宝宝已经出现红屁股,特别是皮肤已经溃烂时,千万不能使用爽身粉。因为这种粉剂遇到潮湿或者水分,容易形成硬结,硬结会刺激溃烂的皮肤,加重红屁股症状。

需要就医的情况

出现下面两种情况,建议带宝宝及时就医:

> 如果宝爸宝妈经常给宝宝清洗小屁股及换尿布,可红屁股总是反复出现,且偏方或者护臀膏都不见效时,最好带宝宝及时就医。

> 屁股已经出现了糜烂、溃烂、渗液的情况,需要及时就医,尽快减轻宝宝的痛苦。

宝宝便秘

叙述者 / 梓梓妈（四川成都）
宝宝 / 梓梓（2个月）

从前天上午开始，宝宝已经有两天没有拉"粑粑"了。一开始我还不着急，因为很多书上包括网上都说，这是正常现象。可是今天凌晨看到她小脸憋得通红，总使劲却怎么也拉不出来，急得"哇哇"直哭的小可怜儿样，心里便说不出的心疼和着急。

一开始，我不时给她揉揉小肚子，半夜里，把她抱起来在怀里一边喂奶一边继续给她揉肚子。据说多喝水有助于缓解便秘，于是白天的时候我尝试着喂她水，可她根本不喝。原本盼着她靠自己的力量拉出来，若实在拉不出来超过3天，我就带她去医院。可看到她的可怜样儿，我这做妈的还是决定铤而走险帮帮她。

于是按照网上一些网友的办法，我用贝亲超细棉棒，沾了点紫草油，轻轻地旋转着捅进宝宝的小屁眼里。第一根我没敢捅得太深，只把棉球部分伸了进去，随之宝宝便放出来了几个响亮的屁。不行，再来一根。这次我试着伸得稍微进去了一点，但还是

此方法不建议妈妈在家使用，因为棉棒易断，可能损伤宝宝的肛肠部位，这种损伤比便秘本身的危害更大。

小心翼翼的。哈！效果来了，一坨牙膏状的金黄色"粑粑"随即涌了出来。我立即把她的小便盆拿过来，给她把便了一会儿。效果非常好，一坨、一坨、又一坨，然后又拉了一坨稀的……积攒了两天的"粑粑"终于得以释放，宝宝也如释重负。

便后我把宝宝放在她的小床上，她的表情很轻松，甚至有点浅浅的笑意。看得出来，难受了这么长时间，她现在一定感到很舒服。我心里特别有成就感，能帮到宝宝，好开心、好满足！

折腾完，已经五点多了。

本来纯母乳喂养的宝宝是不应该便秘的，我想宝宝出现便秘唯一的原因就是吃了社区医院医生开的小儿四维葡钙颗粒，因为那药的说明书上写了不良反应可见便秘，那医生还给我开了三盒……总之，希望宝宝健康平安地长大，只要她一切都好，我就感到快乐平静。

> 判断宝宝是否便秘有两个指标：大便干结、排便费劲。另外，小宝宝的肛门括约肌相对僵硬以及肠道内气体多等原因都会导致排便费劲，但不能理解为便秘。

医生小科普

便秘与攒肚的区别

宝宝便秘是指宝宝的大便干结，排便费劲。宝宝攒肚是指宝宝的大便不干，排便也不费劲，但两次排便间隔的时间较长。因为宝宝的消化功能日益完善，对母乳的吸收较充分，产生的食物残渣较少不足以刺激排便，导致两次排便的间隔时间较长，于是出现了攒肚。

宝宝便秘了怎么办

对于已经出现便秘的宝宝，可以使用开塞露（月龄过小的宝宝可能会因开塞露坚硬的导管而感觉不适）帮助宝宝排便，或者给宝宝按摩腹部促进排便。未添加辅食的宝宝如果出现便秘，要在医生指导下给宝宝添加益生菌或纤维素制剂；开始添加辅食的宝宝如果出现便秘，可以多给宝宝制作青菜类辅食，且不要切得太细，以宝宝能顺利吞咽的大小为宜。

跟宝宝一起闯湿疹关

叙述者 / 皮皮妈（江西南昌）
宝宝 / 皮皮（1岁）

我妈常说我和我姐小时候都长得丑兮兮的，浑身起疹子，脑袋上更是一片一片的。她说，听老辈人讲，宝宝长疹子，是胎里带出来的毒，需要孕妇在孕期去胎毒才可以避免。

我姐不信这个邪，怀孕的时候，该吃吃，该喝喝，一点也不忌口，结果我小外甥出生后不久，果然浑身长疹子，她后悔得不行。因此，到我怀孕的时候，我便一点也不敢轻视这个问题。孕8月的时候，我就开始吃我妈给我讨来的去胎毒小偏方——煮鹅蛋，每周吃3~4个，一直吃到皮皮出生。

> 孕期盲目排毒并不科学。目前，没有科学研究发现可以在孕期提前预防宝宝出生后出现的皮肤问题。同时，因为无法确定排胎毒的偏方是否安全，因此孕妈妈需谨慎对待。

一惊一乍

皮皮出生后，果然皮肤光洁，我心里美滋滋的，想着大鹅蛋没白吃。然而，皮皮出生十来天的时候，一天早上起床，我发现皮皮眉毛上、脸蛋上，出现一块块黄色的东西，我以为是湿疹，后来仔细一看，是皮脂，于是我挤了点母乳，用棉签蘸了后涂在上面，再用软纱布轻轻将它擦掉。又过了两天，我发现皮皮眉毛和嘴巴周围起了很多红色的小疹子，翻开衣服一看，脖子上也有。我顿时慌了起来，小外甥长湿疹时，身上起很多小水疱，小水疱又溃烂流水，疼痒难忍，莫非皮皮这个也是湿疹？

我赶紧叫来了妈妈，说："吃鹅蛋不能去胎毒呀，快看，宝

宝好像长湿疹了。"说实话,不养宝宝不知道这种担忧揪心的感觉,以前看小外甥湿疹特别严重时,我也就只是心疼,轮到皮皮这儿,光是想想我就觉得揪心不忍了。

妈妈说:"这个好像不是湿疹,应该是宝宝睡觉盖太多了,捂出来的。"我赶紧把他的包被松开一些,果然,凉爽一点后,疹子消退了。

湿疹是现在很多宝宝要闯的"关"

就这样,今天脸上黄块块,明天脸上红点点,在这样的反反复复中,宝宝度过了新生儿期。42天体检的时候,医生说:"你家宝宝有湿疹。"原来,这就是湿疹啊。我赶紧问医生有没有什么好的解决办法。医生建议拿药,说宝宝湿疹症状不严重,拿外用药膏就可以。我又问:"为什么我和我姐姐家的宝宝都长湿疹呢?据说我俩小时候也长,这是不是会遗传啊。"医生一笑,说:"遗传是其中一部分原因,但更重要的是环境没有以前好,现在宝宝得湿疹的较过去多,很多宝宝都要过湿疹这关。"听到这,我心里安定了点,感觉自己不是在孤军奋战,想起来,我觉得自己也是挺无知的。

医生给宝宝开了一种叫作<u>丝塔芙</u>的外用药,由于宝宝症状没有我想象的那么严重,再加上我并不想给宝宝用药,于是我拒绝了。

皮皮湿疹严重了

原本以为,皮皮的湿疹症状会止于这几个疹子,散散热就能消掉。谁知道到他2个月的时候,症状突然严重了。皮皮头顶开始出现一块一块小结痂般的东西,可能是感到很痒,皮皮睡觉的时候会不自觉地蹭头皮,以至于脑袋下方一圈都没有头发了。

严格意义上来说,<u>丝塔芙</u>并不算药膏,而是一种无刺激无过敏的护肤用品。患湿疹的宝宝皮肤会有很多小得看不到的裂缝,容易流失水分,变得干燥,会加重痒感,使用丝塔芙可以帮助滋润肌肤,缓解湿疹症状。

比头皮上长湿疹更严重的是，皮皮脸上、颈部、身上都开始起湿疹了，脸上尤其严重，出了一堆一堆的水疱，看着都有点恐怖。皮皮开始哭闹，挥舞着小手要去抓挠，尽管我给他戴上了小手套，可他脸上的结痂还是被挠开了，黄色的脓液流出来，跟小外甥以前的症状一模一样。

我赶紧打电话给姐姐，问她当初是怎么处理的，姐姐说："水疱都破了、流水了，你还指望怎么处理，赶紧上医院呗。"得到建议后，我立刻跟妈妈抱着皮皮一起去了医院，医生只看了一眼就说："是湿疹。"然后给开了一瓶收敛伤口的药水和一盒湿疹膏。

我回家后赶紧用上收敛药水，并涂上湿疹膏，流脓液的现象很快消失了。

症状好转不等于治愈

症状好转后，我还没来得及松口气，皮皮的皮肤上又开始出现小的疹子。就这样，疹子恶化严重到流脓液了我就给用药，用药好转后没多久皮肤上又开始长疹子，宝宝别提多受折磨了。

有一天，我抱着宝宝去农博会，看到一位年轻妈妈也带了个宝宝，她看皮皮脸上又起了几个疹子，说："你家宝宝这个是湿疹吧？现在还没化脓，你抓紧给他用金银花煮水，擦洗一下，效果特别好。"

我半信半疑，但想着即使没用，总也没副作用，总比反复用药膏强。回家后我就去药店买了金银花，按那位妈妈说的，抓一小把（大概20克）熬水，熬好后用棉球蘸了金银花水涂在宝宝有湿疹的地方，轻轻地用手打圈按摩直到水干。就这样坚持了大概15天左右，便再也不见皮皮的疹子化脓了。再后来，可能皮皮大了，免疫力强了，他总算闯过湿疹这一关了。

> 金银花有清热解毒、祛湿的功效，对婴儿湿疹有一定功效，但不见得对所有宝宝的湿疹都有效。如果使用金银花水2-3天后仍没有任何效果，甚至有加重的趋势，可以试试滴护婴儿植物奶癣膏，在轻微湿疹时使用有缓解效果。

医生小科普

婴儿湿疹的四因素

婴儿湿疹，俗称奶癣，多见于头面部，逐渐蔓延至颈部、肩部、躯干、四肢。大多数婴儿湿疹的起病时间一般在宝宝1~3个月大的时候，半岁后逐渐减轻，1岁半后绝大多数会自愈。

婴儿湿疹的发病与多种因素有关，有时难以明确，常见以下四种。

精神因素	遗传因素	食物因素	环境因素
精神紧张会使宝宝的湿疹加重。	如果父母双方中的一方曾患有过敏性疾病，或曾得过湿疹，那么小宝宝得湿疹的可能性很大。	配方奶喂养的宝宝对牛奶过敏；哺乳期的妈妈食用鸡蛋、鱼、虾、蟹、巧克力等都可能引起宝宝过敏；添加辅食的宝宝也可能因辅食过敏而出现湿疹。	羊毛织品、人造纤维衣物、花粉、螨虫、汗液、尿液、空气干燥或者湿热等都可能引起婴儿湿疹。

怎样判断宝宝的疹子到底是什么

宝宝长疹子是比较常见的一种情况，需要妈妈在日常护理宝宝的过程中不断积累经验。

看年龄	回忆细节	看季节
比如宝宝出生后3个月内，容易出现湿疹。	看疹子出现前有无接种疫苗（打预防针或吃糖丸）或服用药物。如果有，可能是药疹。又或者长疹子前有无添加从未加过的辅食，如果有，可能是食物引起的过敏。	在炎热的夏季出疹子，有很大可能是痱子。

恐怖的肠套叠

叙述者 / 梓梓妈（四川成都）
宝宝 / 梓梓（8个月）

11月11日，下午5点多的时候，梓梓正吃着我的奶，身体突然开始蜷曲，拱来拱去，也松掉了含着奶头的小嘴，紧接着放了两个屁，"嗙"的一声喷了一大摊稀便出来。

这一切跟平时拉肚子的表现没有什么区别，于是，我给她擦干净屁股，准备继续哄着睡觉。可这时，她就像哪儿疼或者谁掐到她似的，声嘶力竭地哭起来。我把她抱在怀里哄也好，喂奶也好，都不管用，她一个劲地哭！

哭了大概两三分钟，我继续把奶头给她，这次她平静了，挂着眼泪继续吃起来。我以为就这样过去了，但没几分钟，她突然又像哪儿痛似的大哭起来，这次哭得比上次还要厉害，两只小手用力地在空中抓啊抓。她一边哭一边看着我，好像是在向我求助。

> 根据宝宝的这个身体特征，可以初步判断宝宝是腹部不舒服。

肠套叠　　　　　　　　肠套叠解剖图

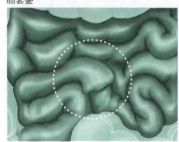
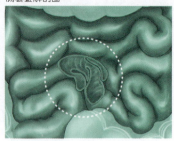

这个时候，我的脑海里已经出现了肠套叠这三个字。

最早了解肠套叠这种病，是在松田道雄的《育儿百科》里。一旦得了肠套叠，平常一直很健康的宝宝会突然哪儿痛似的大哭，这时怎么哄也没有用，宝宝也拒绝吃东西。然后正当妈妈不知所措时，宝宝突然又跟没事似的继续玩玩具、吃东西了。当妈妈们以为万事大吉的时候，宝宝又突然大哭起来，周而复始，直到开始吐奶和便血。

> 肠套叠是指一段肠管套入另一段肠管中。如果处理不及时，可导致套入部位血液循环受阻，肠管坏死并引起腹膜炎，严重时可导致死亡。肠套叠大多发生在4个月~1周岁的宝宝身上。最常见的是小肠的末端套入到与之相连的大肠的首端中。

梓梓就这样阵发性哭闹了三四次，尽管我想到了是肠套叠，但想着先看看再说，所以也没有行动。之后，宝宝的奶奶把宝宝搂在怀里哄睡觉，没想到这小家伙真的睡着，而且还睡了一两个小时。我们都松了一口气，觉得没问题了，刚才应该只是因为拉肚子有点疼而已。

> 宝宝腹痛的特征是持续3-4分钟后，停歇5-6分钟，然后又开始疼痛，这样不断反复就会形成阵发性哭闹，也基本可以判定为肠套叠。腹痛的持续时间和间隔时间因人而异。

第一次就医误诊

到了晚上8点左右，梓梓醒了。以前她睡觉醒来后情绪很好，会配合大人把尿什么的，但是这次却是哭着醒来的。

她又开始了下午那样的阵发性哭闹，哭得很厉害，哭三四分钟就停下来，好像什么事也没有似的，还笑嘻嘻的，然后过几分钟又哭。这次我怎么也坐不住了，很肯定就是肠套叠。这个时候已经是晚上9点多了，我立刻叫上梓梓爸去医院。因为我知道此病非同寻常,我第一想到的就是去市里最好的 A 医院。

到了 A 医院已经是晚上 10 点左右了,医院里的病人还很多。我们去挂号,护士说至少要等到凌晨 1 点才能看上。因为前面排队的人太多了,我怕梓梓在那里等几个小时会被传染上别的病。于是我做了一个相当愚蠢的决定,转去儿童医院。梓梓是在那里生的,后来我才知道,产科是这家医院唯一拿得出手的科室。

> 提前了解各医院科室的情况,在出现急症就医时可以节省选择医院的时间。

到了儿童医院,挂了急诊,我们便去了住院部 7 楼的儿外科候诊。医生慢吞吞地从休息室出来,问我们怎么回事。我说怀疑是肠套叠,于是医生把宝宝抱到检查室去摸肚子。

这时宝宝哭得非常厉害。医生问:"她是不是经常进医院,看到医生怕成这样!"我家宝宝基本上没有正式进过医院呀,后来回想,当时宝宝绝对是因为疼痛而哭的。

> 宝宝发生肠套叠时,多数能在右上腹或腹部中间摸到腊肠状的肿块,光滑且不太硬,可稍微活动,有压痛。但不是每个宝宝都能被摸到。确诊肠套叠的方法是做B超,肠套叠可以通过超声波诊断出来。

不一会儿,宝宝又恢复了正常,医生轻描淡写地说:"你看嘛,没什么事。"我说:"你没有摸到硬块吗?"他说:"不一定摸得到。"他这句话是真的,得了肠套叠的宝宝不一定一开始就摸得到腊肠状肿块!妈妈们一定记住。然后他说:"现在没有证据证明是肠套叠!你们记住,肠套叠有三个症状,呕吐、拉咖啡色大便、阵发性哭闹,但哭闹并不表示就是肠套叠!"我说:"这不是已经到后期的症状了吗?"他说:"你不信就去做彩超,不过现在不知道还能不能做。"

我毕竟只是通过书本了解到这种病的,在专业医生面前,我觉得也许自己真的大惊小怪了,何况刚才宝宝安睡了有一两个小时啊。于是我决定听医生的话回家观察。

回到家后,宝宝哭了一两次,就吃着奶睡觉了。但是一整夜她都在阵发性地哭,不过哭得不像白天那么声嘶力竭了。我就在

> 肠套叠初期,大多数宝宝都没有呕吐症状,有的宝宝会在腹部疼痛出现20-30分钟后开始呕吐。肠套叠后期,宝宝的呕吐物会有臭味,还会拉咖啡色大便,这时就说明病情很严重了,肠道部分坏死,需要进行手术。如果怀疑宝宝得了肠套叠,就应该及时就医,越早治疗越容易康复。如果发病时间超过24小时,就必须进行开腹手术,且宝宝可能面临生命危险。

自我怀疑和继续观察中煎熬，整夜无眠，看着表记录时间，哭多久，间隔多久。一开始我以为应该是哭三四分钟就要间隔三四分钟又哭，很规律的，但是后来我才知道不是这么回事，这也是我先前做出错误决定的原因。原来肠套叠宝宝每次哭三到五分钟，但不一定是惊天动地地哭，有些内向的宝宝甚至只是哼哼唧唧地哭，然后间隔时间是几分钟到几十分钟甚至一个多小时不等。

第二次就医确诊肠套叠

到了凌晨5点多，宝宝一口气把肚子里的奶全吐了出来，我惊叫着叫醒老公赶紧起来去医院。宝宝的奶奶和外婆也都闻声而动，跟着一起出了门。

我们飞速赶到儿童医院，紧接着做彩超，彩超结果果然是肠套叠。

我们把彩超结果拿到楼上，儿外科，去找医生诊断。虽然我已经相当确定，但我毕竟是个外行，还得请医生确诊。

医生拿着结果看了下，问了问我们宝宝的症状，我说已经开始吐了。他说那基本可以认定是肠套叠。但是他又告知我们儿童医院的空气灌肠机坏了几天了，这几天得了肠套叠的宝宝都是送到A医院去处理的。

这个时候我真该打他一耳光，为什么不早点说呢？早点说了我们就直接赶去A医院了啊！这样从儿童医院再赶到A医院，又要耽搁将近一个小时时间。我们赶到急诊挂号分诊处，一说是肠套叠，那里的医生马上嘱咐我们赶紧去普外科急诊。

到了那儿，又做了一次彩超，宝宝哭得可怜兮兮的，已经没了早前那么大的力气。彩超结果还是肠套叠，紧接着就准备要给宝宝做空气灌肠了。

在肠套叠初期，可以通过钡剂灌肠或空气灌肠，将套入的肠管复位。给肠套叠的宝宝实施灌肠时，可能发生肠管破裂，而只有外科具备肠管破裂后的手术治疗条件。因此，肠套叠的宝宝建议挂"外科急诊"进行诊断治疗。

宝宝的肠套叠发现得早，在 12 小时内处理，都可以用灌肠法温和处理，也就是把套进去的肠子推出来。如果超过 24 小时，宝宝开始持续呕吐、脸色苍白、拉咖啡色大便，就已经很严重了，说明肠子已经开始坏死了。妈妈们一定不能拖到那个时候再去医院，更不要听之前医生所说的那三个症状来判断肠套叠，因为到那个时候，已经是后期了，甚至需要手术才能挽救宝宝的生命。尤其是超过 48 小时，那基本上可以下病危通知书！妈妈们一定要记住！判断肠套叠最好的办法就是这种病独有的哭泣方式。没有别的并发症状，比如拉肚子！

做空气灌肠术

接下来，儿外科一位年轻的男医生接待了我们，把我们带到一个会议室给我们逐条解释手术风险知情同意书。而此时此刻我只想让他赶紧该干啥干啥，不要再拖延时间了。

医生坚持把程序做完才把我们带到另一栋楼的放射科。肠套叠需要在 X 光照射下实施空气灌肠术。可怜的梓梓啊，要遭这样的罪。

医生会根据宝宝的肠道状况选择治疗方式。有的宝宝可能要进行2-3次空气灌肠才能使肠道复位，有的宝宝可能需要手术。

这时已经是早上 7 点多了，距离宝宝发病已经 12 个小时左右了。但这时放射科正在交接班，前面的人提前走了，后面的人还没来，这样我们又在焦急中等待了 1 个多小时。

然后，宝宝终于躺上了 X 光室操作台。我怕我受不了宝宝受罪时的可怜哭泣，本来不想进去的，但是最终还是进去了。

医生把灌肠胶管的一头塞进宝宝肛门里,我按住她的肩膀,老公按住她的下半身。小可怜既害怕又疼痛,哭得让人心碎,那种无助的眼神到现在都让我心疼。还好,灌肠的过程很短,我还没回过神来,医生就说好了,然后过来拔胶管。拔的时候,宝宝"噗"的一声喷了医生一手"粑粑",操作台上也到处都是。我赶紧叫宝宝的外婆和奶奶进来,一边安慰宝宝,一边帮着收拾残局。

宝宝肚子里全是气,因为顶着胃,所以还吐了一点奶出来。

接下来我把小半杯黑乎乎的活性炭水伴随着宝宝的泪水,硬给她灌了下去。她一直哭,很难受的样子。不过我们知道,一切都好起来了。

灌肠术实施后7~8个小时内宝宝必须滴水不沾,更别说吃东西了。可怜的小家伙还要饿那么久!本来肚子里就没东西了,却要一直等到她顺利地拉出黑色的"粑粑"才可以少量地喝水、吃东西。

> 拉黑便说明宝宝肠道处于通畅状态。

梓梓的坚强让我们为她骄傲。她这几个小时会因为胀气、饿、渴而哭闹,但是也许她能体会到大人们也无可奈何吧,跟着外婆和奶奶出去花园里玩,或者回家玩她的玩具,竟然也安静地坚持了这么长时间。

7个小时过去了,宝宝还没有拉黑色"粑粑",我们等不及了,又一次去了A医院!

云开雾散

令人欣慰的是,检查结果一切良好!宝宝的灌肠术很成功。医生说,可以少量地给宝宝喝点水、吃点东西了。

仿佛从绞刑架上拿到了特赦令,全家人都松了一口气。我、老公、宝宝的外婆和奶奶,一家人劳碌奔波、紧张焦急了一天一夜,现在总算一切安好了。我们出门的时候就带了给梓梓喝的水，为的就是一"松绑"，就马上给她水喝，这个时候水比食物更适合她。

宝宝很长时间没喝水、没吃东西，我还是第一次看她连喝水都这么狼吞虎咽。但是，毕竟是术后第一次进食，所以不能一次给她喝太多。在她正喝得起劲的时候，我硬是把奶瓶给拿走了，然后拼命安慰哭泣的她，但我们心里是安详平静的。

黑暗过去了，可怕和危险烟消云散。我们就这样一点一点地给她水喝，然后回家给她吃我的奶。黄昏的时候，大概是因为肚子里总算有了点东西，宝宝终于拉出了黑色的稀便。然后第二天、第三天拉的也是稀便。

> 经历肠套叠后应更加注意宝宝的饮食，不能让宝宝过饥或过饱，喂奶的宝宝继续喂奶，喂辅食的宝宝要暂时多喂易消化的流质、半流质辅食。
>
> 有过一次肠套叠病史的宝宝有可能还会再得肠套叠，妈妈需要格外关注宝宝的饮食。

感悟

时间已经过去大半个月了，宝宝又恢复了往日的健康快乐。我非常庆幸自己之前了解了肠套叠这种疾病，当它真正发生的时候，能够心里有底，最终确保宝宝及时地接受了治疗。

医生小科普

认识肠套叠：肠套叠是指一段肠管套入另一段肠管中

患病宝宝会因为肠管不断蠕动而出现间歇性腹痛，肠套叠的症状如下：

初期症状	中期症状	末期症状
患病宝宝因腹部疼痛出现阵发性哭闹，有的宝宝会拉稀便或轻微呕吐。哭闹没有征兆，一般为突然啼哭，啼哭大概3~4分钟后恢复正常，休息5~6分钟后再次啼哭，不断反复。	患病宝宝出现持续呕吐症状，吃进去的奶基本都会吐出来。	患病宝宝的呕吐物有臭味，还会拉咖啡色大便（血便）。此时患病宝宝部分肠道坏死，必须立刻进行手术，否则可引起腹膜炎危及生命。

如何区分肠胀气、肠绞痛和肠套叠

肠胀气、肠绞痛都是可以自愈的。如果抚摸宝宝的腹部，宝宝逐渐安静下来，就可能是肠胀气或肠绞痛；如果一碰宝宝的腹部，宝宝的疼痛加剧且反应强烈，则肠套叠的可能性更大。

肠套叠的宝宝会发热吗

宝宝在肠套叠初期一般没有发热症状。只有因拖延治疗时间引起腹膜炎时宝宝才会出现发热。

肠套叠的应对方法

如果怀疑宝宝患有肠套叠，应第一时间将宝宝送往医院，挂"外科急诊"，通过彩超确诊是否为肠套叠。

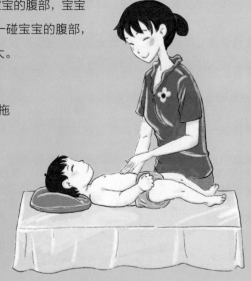

直播：宝宝第一次发热——幼儿急疹全记录

叙述者 / 梓梓妈（四川成都）
宝宝 / 梓梓（9个半月）

昨天早上醒来，梓梓就显得很烦躁，一开始我以为是因为她刚出被窝，有点冷，便没太在意。中午梓梓的外公给梓梓喂蒸蛋的时候，不小心烫了她的小嘴巴一下，这下她完全拒绝吃辅食了。看她情绪不好，午睡的时间也差不多到了，于是我抱着她给她喂奶，哄她入睡，一切程序跟往常一样。

可是一个中午，她一个劲地吃奶，一刻也不愿意松开我的乳头，我无意间碰了碰她的额头，感觉有点烫。这时我还想不到她会发热，以为是因为被子捂着才引起的发热。

在床上躺了一个多小时，她也不睡，于是我决定给她穿好衣服，把她带出门玩。可是，她忽然就开始哭闹起来，还哭得相当厉害。我又以为是她中午被蒸蛋烫伤了，于是设法观察她的嘴巴，没看出什么异常。不过我心里不放心，又带她到社区医院那里请医生看了看，也没看出什么异常，确认没有烫伤。

当宝宝比平时更加依赖妈妈的时候，要考虑宝宝可能存在发热等不舒服的情况。

下午在外面玩了几个小时，她虽然没有平时活跃，但也看不出哪里不舒服，甚至还吃了一大碗面条和一个肉丸，胃口和精神都还行。

第一天：长乳牙发热了？

晚上，到了她快入睡的时间，我把她抱起来喂奶，摸着小额头还有点烫，于是决定给她量体温，38℃，确实发热了。我立刻叫她爸在网上查资料，我也赶紧翻看手边的育儿类书籍。我了解到宝宝在长乳牙时，会有腹泻和低热现象，不过都是生理性的，只要多喝水、做做物理降温即可。我仔细思考了一下，梓梓的嘴里确实冒出来了两颗上牙，导致她发热的原因应该就是长乳牙。

于是，我开始用湿毛巾给她擦脸、额头、后脑勺、脖子、手腕，她睡着后我给她宽宽松松地盖一层被子，避免把她捂着。

再没做什么其他处理了，我坚信她第二天会好的。

晚上梓梓也确实睡了一个好觉，虽然到了半夜一定要含着我的乳头才能入睡，但没有哭闹和烦躁。

第二天：反复发热

今天一大早，她突然很大声地哭起来，我有些担心，以为她发热不舒服，结果是拉了"粑粑"在尿不湿上。为了安心我又给梓梓量了下体温。我的宝宝太争气了，温度果然降下去了，才36℃多一点。然后她跟着我吃了奶，之后睡到将近上午十点，起来后精神很好，心情也很好，又拉了一点"粑粑"，还吃了一大碗蒸蛋。我给了她一点点切片面包，她极其高兴，狼吞虎咽地吃掉了，而且是自己拿在手里啃的，左右开弓。

> 对于精神状态较好且发热不超过38.5℃的宝宝，一般都建议使用物理降温。

没想到，事情的发展远非我之前看到和预料的那么乐观。虽然下午梓梓的精神状态很好，但晚上睡前给她喂奶时，我还是决定给她再量量体温。38.4℃！我的天，怎么一下子又这么高？可是宝宝除了高热，没有任何其他并发症状，周围也没有人感冒，我思来想去，怀疑可能是幼儿急疹。

书上说幼儿急疹不需要特殊的处理，只要多喝水，保证不要缺水就问题不大。迄今为止，我的梓梓都能吃、能睡、精神挺好，我安慰自己不用太过担心，继续观察，注意不要让温度升得太高就行。

> 患幼儿急疹的宝宝精神状态较平时会差一些，但看起来并不严重，而且能吃进食物，也有玩玩具的意愿。

第三天：也许不是幼儿急疹

昨晚我彻夜未眠，一直在观察和照顾梓梓。给她松松地盖着一层被子，里面只穿一件T恤，让她尽量散热。她的体温一度达到39℃，我一直给进行物理降温，于是体温一直在38~39℃徘徊。

不给她用药，是需要莫大的勇气的。但是，我很大程度上相信她是得了幼儿急疹，正如上次对她肠套叠症状的判断一样，我决定相信自己。

幸运的是，第二天早上梓梓一直睡到9点多才起床，精神很好。量了体温，也正常了。不过，梓梓晚上肯定是不舒服的，因为她几乎是含着我的乳头睡了一整晚啊，把我的腰疼得呦！

这是第三天，体温正常了，不是应该继续低热吗？难道又像昨天一样白天正常晚上发热？不过她今天确实精神了很多，胃口也好了很多。

难道我判断错了，她只是出牙型的生理低热，而并非幼儿急疹吗？还是接着看第四天的变化吧！

> 如果宝宝的体温超过了38.5℃，为了预防可能发生的高热惊厥，建议给宝宝服用退热药。大部分患幼儿急疹的宝宝体温在38~39℃，持续发热3天。也有的宝宝会发热4天，或者白天体温相对正常，夜里体温升高。

第四天：疹子发出来了

昨天一整天梓梓都神奇地没有发热，今天早上起来量体温，依然没有发热，我粗略地检查了一下梓梓的脖颈间，也没有看到疹子出来。我便依然怀疑梓梓是出牙导致的生理性低热。既然宝宝没有发热，也没有什么不舒服，就平平淡淡地过了一天。

到了晚上快9点的时候，我照例给梓梓洗脸、洗屁股，把她脱得只剩下上衣准备抱到浴室里面去洗漱。这时梓梓的奶奶惊呼："身上长的啥？长疹了？"我伸过头去一看，哈，出疹子了，前胸、后背都长满了一块块的红斑，在皮下，没有突起，也没有连成一片，头上、脸上也有一些，四肢几乎没有。完全符合<u>幼儿急疹热退疹出，主发于前胸后背，偶见四肢的基本症状</u>。这下，我这颗悬着的心终于落地了。

第五天：进入康复期

梓梓昨晚除了半夜按惯例醒一两次吃吃我的奶，一直睡得很好。今天看她的疹子，出得比昨天更密一些了。等她把该出的疹子全部发出来后，她就会慢慢好转！

果然，到了第七天，梓梓身上的疹子基本消失了，病程宣告结束！

> 宝宝患了幼儿急疹，退热后会在胸部、背部出现像蚊子叮了似的小红疹子，疹子渐渐扩散，会波及脸、脖子和手脚，数小时后开始消退，2-3天内疹子全部消失。幼儿急疹不分月龄、季节、地区，病程均是热退疹出，没有并发症。

医生小科普

认识幼儿急疹：幼儿急疹是由人类疱疹病毒 6 型或 7 型引起的急性发疹性疾病

幼儿急疹多见于 2 岁以下的婴幼儿，尤以 6 个月~1 岁的婴儿多见。病程如下：

潜伏期大约为 1~2 周，患儿无不适表现。发病时以突发高热（39℃或更高）起病，患儿全身症状轻微，呼吸道症状以咽炎多见，消化功能紊乱较常见，会排稀便。但患儿在高热期间的精神状态良好，一般发热持续 3 日后体温骤然下降至正常，热退后出疹。初发时疹子分布于前胸及后背，之后延伸至面部及四肢，数小时后开始消退，2~3 天内全部消失。宝宝患病后可获得持久免疫力，很少会再次得病。

如何区分麻疹和幼儿急疹

麻疹与幼儿急疹最大的区别是，麻疹是高热期间出疹，出疹 3~4 天后发热才开始减退；而幼儿急疹则是发热减退后，体温正常时出疹。

其次，患麻疹的宝宝精神状态较差，在发热的同时还伴随有咳嗽、喷嚏、结膜充血、流眼泪等症状；而患幼儿急疹的宝宝精神状态较好，除高热外其他症状并不明显。

再次，麻疹的疹子一般从耳后、发际开始，先出现淡红色斑丘疹，并蔓延到耳前、面颊、前额、躯干及四肢等部位，最后到达手心、足心，大约 3 天后遍及全身；而幼儿急疹的疹子初发于前胸和后背，之后再蔓延至面部和四肢。

最后，麻疹可能引起肺炎等并发症，需要及时就医，在医生指导下护理患儿；幼儿急疹一般无并发症，预后良好，在家也能护理。

如何预防幼儿急疹

引起幼儿急疹的病毒一般隐藏在成人的喉咙及唾液腺里，可以通过唾液传染给婴儿。因此，在给婴儿添加辅食的过程中，注意不要将成人咀嚼过的食物给婴儿食用。成人也不应经常亲吻婴儿的口鼻部位，以免将相关病毒传染给婴儿。

宝宝患鹅口疮的这些天

叙述者 / 阿米妈（山西太原）
宝宝 / 小阿米（1岁1个月）

在护理小阿米方面，我虽然没什么经验，但是好在足够细心。所以，阿米长到9个多月，身体一直都很好，完全没有去过医院，这也使我大意了，特别信任阿米的免疫力。

第1天：拒吃辅食

6月12日是我的生日，一早起来，老公说赶紧给阿米收拾收拾，他订了海底世界的门票，要带我和阿米出去玩。我便赶紧冲了一瓶牛奶给阿米喝。阿米平常喝牛奶特乖，每次捧着奶瓶，一会儿工夫就会将180毫升奶喝得干干净净。但是那天早上，她只喝了不到30毫升，就不肯喝了，我示意她再喝点，她就摇头。我还想，难道是长大了开始不喜欢喝牛奶啦？于是，我招呼老公盛一点稀饭来，让阿米喝点稀饭也不错。

哪知道，这一次，阿米不但摇头，还哼哼唧唧哭了起来。我把勺子放到她嘴边，她"啪"地一下打掉了我手里的勺子。平时都吃得特别好，今天这么不配合，再加上急着出门，我就有点烦躁，并声音很大地责怪了她。阿米显然被我的态度吓着了，只愣了一下，她便张嘴大哭起来。这时我才发现，阿米满嘴都是==白色的小斑点==，好像破皮处被口水泡得发白了那样。我从没见过这种情况，有点被吓着了，叫上老公便去了社区医院。

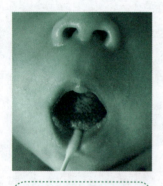

当宝宝的口腔内侧或者舌头上出现白色的小斑点时，可以尝试用消毒棉签轻轻地将这些白色斑点弄掉。若这些白色斑点很难被弄干净，那就有很大可能是患上了鹅口疮。

到医院后,排队挂号,一顿折腾,好不容易轮到我们。医生告诉我们,说阿米患上了鹅口疮,可以用制霉菌素片治疗,不过医院暂时没有这个药了。他给开了个单子,让我们自己去药店买一点,如果药店没有,可以去 A 医院买。同时,医生还开了一瓶生理盐水和一点清热解毒的药。

既然并不是什么严重的疾病,拿药还这么麻烦,我就有点不愿意,心里寻摸着不用制霉菌素片应该也没事,不是还有生理盐水和清热解毒的药吗?阿米的免疫力这么好,应该没问题。

那天回家后,我就给阿米喂了药,并为她清洗了口腔。中午和晚上,阿米都拒绝吃辅食,只喝了点牛奶。

鹅口疮是一种常见的疾病,一般使用抗霉菌类药物治疗2~3天即可见效,巩固3~4天即可痊愈。

第2~3天:腹泻脱水打点滴

一早起来我便观察阿米的口腔,下嘴唇和上嘴唇上面的鹅口疮看起来好像好转了,但是她还不肯吃东西,喝一点牛奶就开始哼哼唧唧地哭。

换尿不湿的时候,我发现阿米有点腹泻,平常"粑粑"是成一条一条的,可那天是糊状的。以前她也有过消化不好拉糊状便的时候,我一般会冲半包"妈咪爱"喂她喝,喝两三顿"粑粑"就恢复正常了。没想到那天到晚上,阿米的腹泻反而严重了,"粑粑"直接变成了稀稀的黄水,拉在尿不湿上跟尿液一样,有一股难闻的气味。我摸了摸阿米,体温有点高,用温度计一量,37.5℃。

老公心疼阿米,说赶紧去医院看看吧,我说体温也不算太高,再观察一下吧,要是明天早上还发热,再去 A 医院看看。

凌晨一点多，阿米醒来后突然开始狂吐，把喝的药和牛奶全吐了，而且体温更高了。我跟老公说，不能等早上了，现在就去 A 医院。

到了 A 医院，挂儿科急诊，因为基本没几个人看病，所以很快就轮到我们了。医生找了一根温度计插在阿米腋下后，开始向我咨询病情。

咨询完毕，他开了几张单子，让我们带宝宝<mark>做血液检查和大便检查</mark>。血液检查很快做完，但是做大便检查时，检查的医生说："你得将尿不湿上的大便挑出来。"她递给我一个小杯子，我内心真是快崩溃了，趴在医院的长椅上用牙签将尿不湿上不是那么水状的大便一点一点弄下来。即使面对的是自己亲生闺女拉的大便，我仍然恶心得差点吐出来。

检查完毕，医生给开了制霉菌素片和一些治疗腹泻的药物后，跟我们说："你家宝宝有点脱水，需要输液来止吐和退热，同时补充电解质。"

医院的输液室里只有寥寥几个人，虽然已经快要到夏天，我仍然感觉特别冷。阿米一边输着液一边疲惫地在我怀里沉沉地睡去，我和老公也又累又困，但是不敢睡。老公不时抬头盯一下吊瓶里的液体，生怕打完了没来得及通知护士。

> 血液检查和大便检查可以帮助医生判断患儿是细菌感染还是病毒感染，要不要使用抗生素治疗。

第4天：西瓜下肚，前功尽弃

阿米的鹅口疮好了一点，拉的虽然还很稀，但是次数不频繁。或许是晚上输液了的原因，她精神好了一点，没有吐也不发热了。

医生叮嘱阿米只能喝点大米粥或者小米粥，牛奶停喝几天，说牛奶也有可能会加重腹泻。可是除了牛奶，阿米什么也不肯吃。

傍晚阿米的舅舅来看阿米，还带了点水果过来，其中有西瓜。我便直接将西瓜切了放在茶几上。这时，阿米伸着小手示意要吃西瓜。我对老公说："她腹泻，估计不能吃吧。"老公说："几天没吃什么东西了，宝宝想吃就吃点吧，少吃点应该不碍事。"看着好几天没吃什么东西、毫无力气的阿米，我也有点不忍心，就给了她一小块。没想到，阿米特别喜欢吃，吃完又要，连续吃了三块。

也许是给阿米吃了西瓜的原因，晚上8点的时候，阿米又开始拉黄色水状便了。我感觉自己快要崩溃了，可是现在已经没有时间后悔了，我们又收拾了一下去了A医院。这次医生给开了蒙脱石散和鞣酸蛋白酵母散，跟我们说不用太担心，症状在好转。

> 西瓜清热泻火、生津止渴，如果仅是鹅口疮没有伴随腹泻症状，宝宝适量食用有利于鹅口疮的恢复。

回家后我给阿米喂了药，整个晚上她睡得都比较踏实，只是偶尔不老实，会翻滚一下。我也趁此机会睡了个安稳觉。

> 蒙脱石散是小儿腹泻常用药，它不经过胃肠道吸收，不进入血液循环，副作用小。但是，蒙脱石散不宜长期服用，过量服用易致便秘，因此宝宝的腹泻得到抑制后，就应该停止服用蒙脱石散。鞣酸蛋白酵母散对着凉或者消化不良性的腹泻有很好的效果，与蒙脱石散一样，不可过量服用，否则易致便秘。

第5天：止住了腹泻

早上起来我继续给阿米喂药，她好像知道吃了药自己就会好似的，特别配合。我用勺子喂她，她"吧唧吧唧"喝，一滴都不洒。

到中午的时候，我给她喂小米粥，她竟然破天荒地喝掉了一小碗，我开心极了。喝完小米粥，阿米又拉了，我打开尿不湿一看，是糊状的。我开心地拿着尿不湿不停跟老公说："好转了，好转了！"老公说："你捧着个臭'粑粑'，怎么跟中奖了一样啊！"

第6天：鹅口疮好了

这一天，阿米的鹅口疮好了，胃口也恢复了，又能够像往常一样吃饭了。到傍晚的时候她拉了"粑粑"，拆尿不湿的时候，我的心情特别忐忑，等打开发现是条状时，我真的感到劫后余生般的喜悦，整颗心总算放下来了。

医生小科普

如何护理患鹅口疮的宝宝

可使用2%~4%的碳酸氢钠（小苏打）溶液洗涤宝宝的口腔，使口腔成为碱性环境，阻止白色念珠菌的生长和繁殖。一般情况下，连续使用2~3天，症状即可消失，但仍需继续用药数日，以防复发。

如宝宝有发热症状，体温在38.5℃以下，可以给予物理降温，洗温水澡或者用湿毛巾热敷都可以，同时再喂些淡盐水或者温开水；如果宝宝体温超过38.5℃，家长需要给宝宝服用退热药。

宝宝因为疼痛不愿吃东西、不肯吮吸时，家长应耐心用小匙慢慢喂，以保证营养；避免摄入过酸、过咸及刺激性食物，以免引起疼痛。

已经添加辅食的宝宝要注意饮食。家长可鼓励宝宝多饮水，给予流质或半流质饮食，如牛奶、蛋羹、麦片、面片等。

每次给宝宝喂完奶后，要再喂些温开水，帮助冲净宝宝口腔内的残留奶汁，以防止霉菌生长。

不要用不洁净的布擦洗宝宝的口腔。

需要就医的情况

如发现宝宝口腔内犹如白色雪花层层叠叠，有咽喉堵塞、呼吸困难等严重状况，应及时带宝宝去医院就诊。

如果宝宝伴有烦躁、口臭、流涎、便秘等症状，应带宝宝去医院咨询处理。

如果宝宝体温超过38.5℃，服用退热药后仍高热不退，需要送宝宝到医院处理。

来势汹汹的秋季腹泻

叙述者 / 俊俊妈（湖南长沙）
宝宝 / 俊俊（3岁）

宝宝出生时，闺蜜给我打电话说暂时不能过来看我，因为她家宝宝得了秋季腹泻，也就是轮状病毒感染，上吐下泻，继而波及全家人。她在电话里说，整个家里只能用一个词来形容，那就是人仰马翻。事后她再三强调："宝宝一定要接种轮状病毒疫苗。"在宝宝逐渐长大，开始接种疫苗时，我便特别留意轮状病毒疫苗，口服完轮状病毒疫苗后，我心里像吃下去一颗定心丸。因此，对宝宝感染轮状病毒，我的内心没有经过任何预习。

> 秋季腹泻跟普通腹泻的区别是：出现快速的高热并伴随水样便，患儿还常伴有上呼吸道感染症状，包括流涕、咳嗽等，并有明显的呕吐，且很快就会脱水。

误以为腹泻是着凉感冒引起的

朋友10月份出差经过我们所在的城市，为了接待她，我便将宝宝交给妈妈照顾一天。南方10月份的天气还比较热，但早晚温差开始变大，晚上要跟朋友一起吃饭，她说反正就是坐着随便聊天，带上宝宝不碍事。于是我去妈妈那儿接宝宝。接的那会儿，宝宝没有穿裤子，光着小屁股正在院子里跟一群小朋友玩得起劲。妈妈跟我解释："他玩得太开心，尿裤子了，我看天也不凉，就让他光着了。"

> 轮状病毒疫苗可以预防秋季腹泻，但是接种疫苗后，也不可以掉以轻心，因为轮状病毒疫苗接种后，并不会起到完全杜绝感染的作用，且时效有限，为6~12个月。

跟朋友聚餐完，带宝宝回到家都已经晚上10点了，临睡前，宝宝又跟我要求："要喝一瓶牛奶。"喝完牛奶、洗漱完毕，宝宝像往常一样睡着了，我在小床旁边坐着看了会儿书。这时，我发现宝宝的小身子不停地扭动，眉头也皱着，看起来很不舒服的样子。没多会儿，宝宝醒了，跟我说肚子痛，接着大口大口地吐出尚未来得及消化的食物，吐完后大眼睛里全是泪水，可怜巴巴地望着我。

我赶紧叫来老公帮忙收拾，之后我换了床垫，安抚宝宝继续睡。老公问："宝贝这是怎么了？"我立刻想到肯定是傍晚他光着小屁股玩，着凉了。因为宝宝体质一直比较好，平常感冒发热了，基本都是自己扛好的，也没有打针吃药。我觉得这次肯定也没什么问题，睡一觉就好了。

手忙脚乱的一晚

因为宝宝不舒服，我便想晚上陪着他睡好了，哪知道刚躺下，又听到他开始哼哼唧唧说肚子痛，没多会儿，他开始念叨："要吐，要吐。"我一骨碌爬起来，赶紧扶着宝宝坐起来，来不及把头歪到一边，宝宝就将胃里的东西全吐了出来。为了避免弄脏床，有洁癖的我竟毫不犹豫地伸手接住了他的呕吐物。这里不得不说一下，母爱真的很神奇。呕吐物中除了食物残渣，后面几口吐的全是像水一样的东西。老公说："胃都吐空了，应该不会再吐了。"看看宝宝，虽然仍是眼泪汪汪的，但确实感觉他舒服了不少。我让老公倒一杯温水哄宝宝喝下，简单收拾后，继续哄睡。哪知道，这还只是那晚的开始。

深夜12点，我的困意上来了，刚要入睡，又听见宝宝痛苦地哼哼。我不敢睡了，赶紧爬起来，拿起之前准备好的盆子，扶起宝宝，宝宝坐起来后开始大口吐清水，应该是前一次呕吐后喝下的那点水。

老公过来一摸，说宝宝好像发热了，我忙得一身汗，还没有发现，赶紧取来温度计一量，已经到了 38.7℃。打开医药箱找到退热药，想给宝宝喝一点，但是宝宝咬紧牙关拒绝喝，小小的人儿蔫蔫地缩成一团，可怜极了。

> 体温超过38.5℃时，为了避免宝宝高热惊厥，需要给宝宝口服退热药物帮助降低体温。

于是我打电话给妈妈，一边打一边带着哭腔抱怨："都怪你，连裤子也不给穿，现在感冒了，怎么办啊？"

凌晨1点多的时候，妈妈赶来了，听到敲门声，疲累担忧到极点的我感觉到了些许的放松。妈妈问我："宝宝拉肚子吗？"我说："没有拉。"妈妈说："那应该就不是秋季腹泻，今天隔壁小清的奶奶说他们家小清这几天秋季腹泻，又吐又拉又发热的，但我们宝宝不拉啊。"我感觉脑袋"嗡"的一声，赶紧问："小清今天跟他一起玩了吗？"妈妈说："一起玩了。"

确定是秋季腹泻

那一晚，宝宝又吐了两次，早上的时候，他除了有点精神不振，体温有些高，其他看起来都正常，还主动跟我要东西吃。我心里抱着一丝侥幸，肯定不会是秋季腹泻，我们去年可是接种了疫苗的啊。

我给他冲了一杯牛奶，烤了两片面包，让他坐在餐桌前吃。老公陪着他，我忙着清洗头天晚上吐脏了的被子。吃完早餐，宝宝又自己玩了一会儿积木，老公跟妈妈说："您赶紧休息下吧，宝贝好像没事了。"话音未落，宝宝毫无征兆地将刚才吃的食物全吐了出来，简直就像喷水一样，弄得到处都是。

> 轮状病毒主要通过呼吸道和消化道传播，除了接种疫苗，家长还要注意预防。比如注意环境卫生和个人卫生；成人出现不适时，要与宝宝隔离，避免传染给宝宝；在病毒高发季节尽量不要带宝宝到公共场所玩耍等。

这下，我们有点着急了，觉得必须去医院了。去医院的路上，小家伙又一次呕吐，吐得车上到处都是。没一会儿，除了呕吐物

的气味，车厢里还充斥着另一种臭味，我检查了一下，发现宝宝拉了水样便。幸亏出门的时候，我给宝宝穿了尿不湿，要不让人更头疼。

到医院后，抽血、取便化验，很快便确定这是感染了轮状病毒。我跟医生说："我们去年接种了疫苗，怎么还会感染这个病呢？疫苗不管用的吗？"医生仔细询问了接种时间后，跟我说："这个疫苗接种是有时限性的，跟有些保终身的疫苗不一样，这个疫苗接种后最长只能保一年。这种病毒是通过呼吸道和消化道传播的，你们说跟他一起玩的小宝宝刚好也是得的这个病，那他肯定就是被传染了。"

补液补液再补液

想起闺蜜跟我说他们当时全家为照顾宝宝人仰马翻的话，此刻，我算是深切体会到了这种感受。医生说宝宝已经出现轻微脱水的症状，建议我们给宝宝静脉输液补充电解质。宝宝虽然病得蔫蔫的，但是一听要打针，却有了剧烈的反应。我自我检讨，应该是以前感冒的时候，为了鼓励他多喝水，我用打针恐吓他太多次了，所以他才会对打针极度恐惧。

医生说轮状病毒本身对宝宝没有永久性的损害，但是它在短时间内会让宝宝丢失大量水分和电解质，但是现在宝宝拒绝打针，所以家长一定要想尽一切办法，让宝宝口服补液盐。同时，按照说明书适量服用益生菌。

兴许是一晚上没有休息好，再加上吃的东西都吐了，虽然口服补液盐味道欠佳，但是当我跟宝宝说，喝完这些就可以睡觉，就再也不难受了时，宝宝很配合地喝完了。

如果家里没有口服补液盐，可以暂时用放了气的可乐、温热的苹果汁或者热米汤替代，并尽快去药店购买口服补液盐。

医生说，这是一个自限性疾病，五到七天便会好，所以没有特效药物，还叮嘱我们回家后记得继续口服补液盐，同时要注意饮食，第一天最好除了水，其他什么东西也不要吃，接下来也要从稀到稠，喝点米汤、面汤，吃点稀饭、面条等，之后慢慢过渡到正常饮食。医生还交代我们家里要做好卫生工作，宝宝的呕吐物要及时清理干净并消毒，以免传染给家人；另外，疾病没有彻底好的情况下，不要让宝宝出去和别的小朋友玩，以免传染给别的小朋友。

我和小侄子相继中招

带宝宝回家后，我开始感觉我的肚子不舒服，因为我肠胃本来就脆弱，加上头天晚上一晚上的折腾，我以为是消化不好导致的。但是老公想起了医生的叮嘱，说："没准你也被感染了。"很快，我也开始出现呕吐和腹泻，我拼命服用补液盐。祸不单行，在我们家兵荒马乱、人仰马翻的时候，表弟带着小侄子未打招呼前来串门，虽然再三隔离两个小朋友，并尽快"赶走"表弟父子俩，但是小侄子仍然中招了。好在知道疾病的原因，护理起来还是相对得心应手一些的，不得不说，这种病毒真是太可怕了。

医生说过这个疾病病程为 7 天。这整个过程，我都严格遵照医生嘱咐来护理自己和宝宝。大概到第三天的时候，宝宝已经不吐也不拉了，同时表现得特别想吃东西。那天老公正在吃鸡腿，宝宝可怜兮兮地央求给他一点肉，我硬起心肠没有给。

既然病程为 7 天，就一定不要觉得自己可能与众不同。宝宝不懂控制，就需要大人的坚持了，坚持等到彻底好了再解嘴馋吧！

医生小科普

如何护理腹泻的宝宝

关于口服补液盐

轮状病毒感染引发的呕吐和腹泻，无特殊药物治疗，但预防和治疗脱水尤为重要。口服补液盐在此起到了关键的作用。口服补液盐可以在一般的药店购买到。由于口服补液盐的味道欠佳，所以要坚持少量多次服用。口服补液盐后，若仍持续4个小时无尿，应到医院就诊。

宝宝腹泻时不能给吃止泻药

针对病毒、细菌或毒素等引起的腹泻，当下最重要的是把这些导致腹泻的因素排出体外。而止泻药是抑制肠道蠕动的药，不利于排出致泻的病毒、细菌、毒素，所以宝宝腹泻时不应服用止泻药。

如果腹泻是因病菌引起的，止泻后病菌存在体内会导致更严重的问题，如细菌毒素中毒、休克等。很多宝宝腹泻是因为痢疾引起的，吃完止泻药以后会马上出现高烧、抽风甚至昏迷，毒素不排出去，进到体内就更麻烦了。

宝宝腹泻的时候要检查大便找原因，针对原因找到治疗的办法。

什么情况下，宝宝腹泻需要就医

全身状况非常严重，如出现高热、精神状况非常差、呕吐严重等。

腹泻导致宝宝出现了脱水的症状。宝宝已经连续4个小时没有排尿，口腔黏膜比较干燥，哭的时候没有眼泪等，这些都是脱水的早期表现。遇此情况，必须及时带宝宝到医院，进行补液治疗，否则有可能使病情加重。

再也不愁恼人的痱子了

叙述者 / 周茉妈妈（北京）
宝宝 / 小茉莉（9个月）

以往天气热时家里总用空调，今年家里有了小茉莉，公婆担心吹空调会让小茉莉着凉感冒，我也觉得用自然的方式养育宝宝更好些。所以，全家人便一致同意夏天不再使用空调。

不过，没多久，小茉莉就长痱子了，脖子周围密密麻麻的，摸上去疙疙瘩瘩。茉莉舅舅说："人家都肤如凝脂，你个小丫头摸上去就像个小癞蛤蟆。"当时我就着急了，先是把花露水稀释了，给小茉莉长痱子的地方涂抹。每天还给小茉莉洗两次澡，洗澡水里加上"十滴水"，洗完澡后再给她打痱子粉，甚至还喂她吃了一些六神丸。

> 小宝宝颈部、腋窝、肘窝和膝部、腘窝等褶皱处容易出痱子，家长可以经常用软布给宝宝擦擦汗，保持这些部位皮肤干燥。

可是，这些措施虽然有一点效果，但是持续时间并不长，我总感觉小茉莉身上一直都有痱子下不去。最后还是一场突如其来的冷空气有效，降了几天温后，小茉莉身上的痱子便迅速消失了。

可是气温上升后，小茉莉又开始长痱子了。这次依旧是胳膊上有痱子，脖子周边有一些，但都不太厉害，我便没太在意，只是在白天的时候，给小茉莉多洗两次澡。

但是两天后，早上起床时我发现小茉莉后背也出现了痱子，而且开始长红包，红红的一大片，痱子包鼓着，有的上面带着小白尖，个别痱子已经化脓了。这下可把我给吓坏了，赶紧将小茉莉交给婆婆抱着，我去书房上网查资料。

> 不少家长在夏天给宝宝服用六神丸防治痱子，这种做法有一定危险。因为不少六神丸是由牛黄、蟾酥等中药组成的，其中蟾酥有毒，婴幼儿服用不当会出现中毒症状。

网上有不少妈妈在带宝宝时都遭遇过类似的情况，说这是痱毒，还有些妈妈建议去医院看。于是我就拍了几张小茉莉长痱子部位的照片，准备中午去趟中医院看看。

到了中医院，是位80多岁的老中医在坐诊，我心里一下子就踏实了。不是说中医都是经验的积累嘛，那越老的中医经验肯定越丰富了。果然，老大夫看了一眼就说："不是很严重，用点小方法处理下就可以。"他给了我几个建议，然后让我去药店买点马齿苋煮水给小茉莉擦洗。

我有点忐忑，问："我家宝宝这些痱子上面都有白尖了，需要来医院处理下吗？"老大夫说："不需要，有白尖也不要紧，你回家后用热毛巾给她敷，毒气发散出来后，就用马齿苋煮水擦洗，一天三四次就可以了。"

马齿苋有清热利湿、解毒消肿、消炎等作用，而且煮水外敷的方法也比较安全。

准备出门的时候，我才想到煮水也不是那么简单的事啊，于是又折回去问："怎么煮水呢？按什么比例？"老大夫说："就是丢一把干马齿苋放在锅子里，加点水烧开，没什么太严格的比例，你可以多买点备用。"好吧，那我就自己琢磨着煮好了。

当天下午回家我就赶紧用马齿苋煮水，先用清水给小茉莉洗澡，然后用布蘸着热热的马齿苋水在她的后背上连敷带洗，我急着让小茉莉快点恢复，所以放了比较多的马齿苋。晚上又煮水擦洗了一遍。

第二天早上起来，小茉莉身上的痱子就比头天晚上好很多了，但手摸上去皮肤仍然很粗糙。坚持洗了大概5天，痱子才慢慢地消退。防痱、治痱是一个长期工程，马齿苋煮水擦洗对我家小茉莉真的有效。对有小宝宝的家庭来说，马齿苋也不贵，5块钱能买一大包，其他妈妈如果碰到宝宝长痱子时，不妨尝试下。

医生小科普

为什么小宝宝容易长痱子

当周围环境的温度过高时,皮肤会通过汗腺分泌来调节身体的温度,但宝宝的汗腺功能尚未发育成熟,体温调节功能也不完善。当环境温度过高,或者宝宝穿盖过多时,宝宝的皮肤不透气就会出现痱子。

需要就医的情况

如果宝宝的痱子持续不消退,并出现红、肿、热、痛及流水症状,就应该警惕痱毒。痱毒是由痱子引发的病症,又称热疖,多由宝宝抗病力差和痱子被抓破感染所致。痱毒若治疗不及时,常可继发肾炎,严重的还会引起败血症进而危及生命。因此,家长应高度重视,宝宝一旦出现痱毒要及时送往医院就诊。

宝宝长痱子如何护理

保持环境温度适宜,注意宝宝房间通风。春夏季节室温在20~22℃,秋冬季节室温在22~24℃为宜。夏季可以开空调,但不要让宝宝直接对着空调吹风。

给宝宝穿全棉的内衣,这样透气性较好,也易于吸汗。给宝宝穿的衣服一定要适量,不能以为穿得越多越好。穿衣服的标准是宝宝脖子、身子温暖,手脚稍凉。

让宝宝趴着,展开脖子褶皱,帮助皮肤透气。胖宝宝更要注意。

夏季要天天给宝宝洗澡,冬天也要2~3天给宝宝洗一次澡。但不必每次都用沐浴露,可以在洗澡水中加入"十滴水"或者马齿苋、金银花等清热解毒的药草熬的水,帮助防治痱子。洗完澡以后,将宝宝身上,尤其是腋下、腹股沟等皮肤褶皱处的水擦干。

对红肿和脱屑严重的部位,可以少量使用百多邦等药物。

该死的水痘

叙述者 / 李雨（北京）
宝宝 / 小西瓜（2岁1个月）

宝宝长水痘后，我才开始后悔当初的自作主张。当时跟小区另一位妈妈一起带宝宝去打疫苗，正好到了宝宝接种水痘疫苗的时候，可水痘疫苗是自费疫苗，那位妈妈跟我说："这个其实没必要接种，我们家宝宝接种了这个疫苗，一样也出水痘了，反正水痘是自限性疾病，他患了水痘后，没有去医院，扛过之后终身免疫。"我便将这句过来人的经验奉为真理，不但没有给小西瓜接种水痘疫苗，还跟很多宝妈表达了水痘疫苗不用接种的观念。

> 宝宝一岁以后推荐要打水痘疫苗。1~12岁的宝宝只要接种一次水痘疫苗就可产生免疫力，能有效预防水痘。

意料之外的水痘

记得我自己出水痘的时候，我好像是在念小学了，所以即使看到过很多小宝宝出水痘，我也一直理所当然地认为，按照遗传学的观点，我们家小西瓜要出水痘，也应该在几年之后。

所以，在发现小西瓜脚背上和后背上各长了一个小红点时，我还以为那是蚊子叮咬的包。结果到了晚上，小西瓜突然蔫蔫的，蜷在我怀里不愿意下地，我用手一摸她的额头，滚烫滚烫的。我开始怀疑是着凉感冒，赶紧叫上小西瓜的奶奶拿来温度计一量，体温不是特别高，我也就没有特别担心。因为小西瓜每次感冒时症状都是先低热，然后流几天清鼻涕，偶尔咳嗽，最后自己就恢复了。

> 目前没有科学研究证明水痘跟遗传有关系。水痘多发于冬春季节，是由带状疱疹病毒初次感染引起的急性传染病，容易在幼儿园和小学的宝宝中出现小流行。每个宝宝都有患水痘的可能，如果没有接种过水痘疫苗，病毒经由飞沫或者接触传播，宝宝便很容易被传染。

那天晚上，小西瓜像以往感冒了一样，睡得很不踏实，而我也做好了她感冒的心理准备，细心照顾了一个晚上。然而，第二天早上起床一看，小西瓜的身上、脸上都是红色的小丘疹，把我吓得够呛。

小西瓜精神仍然不好，而且变得特别烦躁，总想用小手去挠红疹处，我吓得赶忙制止。小西瓜奶奶起床观察了一下，说："小西瓜这个应该是出水痘。"我还说："不可能的，怎么会这么早出水痘。"小西瓜奶奶说："小西瓜她爸爸当年就是这么点儿大出的水痘啊。"

不过小西瓜奶奶也对自己的判断表示怀疑，就问我："上次你带宝宝去打疫苗，打水痘疫苗了吗？我听说现在宝宝都不怎么出水痘了，因为有疫苗。"我说："没有啊，我听人家说，打了疫苗照样出水痘，就想让小西瓜少挨一针。"小西瓜奶奶遗憾得直跺脚，说："糊涂啊，上次我还听人家说打了水痘疫苗即使出痘，也不会那么严重。"事到如今，我真是悔得肠子都青了。

下午，小西瓜的体温突然飙升了起来，用体温计量了一下，都38.7℃了。她不肯吃东西也不肯喝水，身上红色的小丘疹开始变成大小不等的椭圆形疱疹，周围一圈都是红红的。期间我没看好小西瓜，她用手抓破了胳膊上的一个小疱疹，疼得哇哇哭了起来。

要不要去医院

小西瓜奶奶心疼小西瓜，跟我说："赶紧带去医院看看吧，她还这么小，你跟她说不抓不抓，她哪里懂？出水痘可是会留疤的啊，我们那时候真有出水痘留疤的人，长大了那脸难看得很。"

我一时之间也没了主意，只记得当时上过一堂育儿课，专家

> 在出水痘前以及出水痘的过程中，宝宝都有可能发热，妈妈需要多留意宝宝的体温，最好使用体温计测量。发热时首先是让宝宝多喝水，如果体温在38.5℃以下，就不需要急着给宝宝用退热药，如果体温超过38.5℃，可给予小剂量退热药，退热时不要采用酒精、冰袋等方法，以免造成皮肤损伤，引起感染。

说并不是宝宝一生病就往医院送才好，很多疾病是自限性的。自限性疾病就是即使医生干预，也需要那么长时间才能好，这种疾病在家护理会比送医院效果更好。可是看到小西瓜现在难受成这样，我又寄希望于医院，觉得医生总会有办法，他们一定可以让宝宝好受点。

因为小西瓜的体温超过了38.5℃，我按说明给她喂了点美林，之后还是跟婆婆一起收拾东西，抱着小西瓜去了医院。

高热反复

到医院时，大概吃药15分钟了，小西瓜的体温已经降下来了，因为担心自己量得不准，我仍然让护士给量了一次，这次量的是肛温，36.9℃。医生问我们要不要给宝宝输液？我也不知道要不要啊，我只知道经常输液对宝宝来说是不好的，可是不输液她又那么难受。我问医生，除了这个没有别的办法了吗？医生说："你家宝宝也不发热，这水痘也没什么有效的药物可以治疗，要不我开点软膏，你就回家给她涂抹，同时注意仔细护理也是一样的，大概7~10天就会完全康复。"我忙说："发热，我从家里出来时给她吃了美林，现在降温了。"医生说："发热也是正常的，大部分宝宝在出痘期间都会发热。"既然医生这么说，我便跟小西瓜奶奶商量，还是带小西瓜回家吧。

美林糖浆是含退热药物布洛芬的代表药物。

回家后，小西瓜奶奶给小西瓜熬了点绿豆粥，放了些白糖，可能是因为挺长时间没吃东西，小西瓜竟然吃了小半碗，我也没那么忧心忡忡了。可是吃完东西没多久，小西瓜的体温又一次上升了。我开始给她用温水擦洗，但是感觉越擦越热，拿体温计一量，38.9℃了，于是赶紧又喂美林。

从医院回来后到第二天早上，高热反复了 3 次，每次都是先用温水擦洗帮助降温，超过 38.5℃我就间隔 4 小时给她喂美林退热。到早上，好像水痘全部发出来了，体温竟然恢复了正常。我虽然一夜基本没睡，但因为整个心都悬着，好像也没感觉到疲累，整个人如同惊弓之鸟，虽然小西瓜的体温降下来了，但我的心却还悬着。

水痘收缩结痂

陆续出了三天水痘，到第四天的时候，小西瓜不再发热，精神状态也好些了，吃东西虽然不如生病前，但是多少也能吃一些。同时，我还发现，小西瓜手上还有脸上的部分水痘已经开始变得干瘪了，我担心水痘会留疤，就更加注意防着小西瓜抓挠。

> 水痘损伤的皮肤比较浅，所以虽然有水疱，甚至会结痂，但是一般很少会影响到今后的皮肤。

到第七天的时候，小西瓜的水痘基本好了，结痂掉了的地方<u>留下浅浅的印儿</u>。我打电话咨询过一个学医的朋友，他告诉我水痘一般不会留疤，时间长了就会慢慢消失，可是我还不放心，经常用维生素 E 轻轻给她在脸上涂抹。

医生小科普

水痘起病到恢复全过程

潜伏期

一般为 12~21 天,这个阶段不太好诊断,如果幼儿园或者学校有宝宝得了水痘,要及时通知学校,注意隔离患病宝宝,避免其他宝宝被传染。

前驱期

水痘出现前数小时至 2 天,大一点的宝宝在这个阶段可能出现发热、头痛、全身酸痛、恶心、呕吐、腹痛等症状;小一点的宝宝则常常会水痘和全身症状同时出现,起病较急。这个阶段需要细心护理,防止宝宝高热,并适当隔离。

恢复期

水痘出现 1~2 天后从中心开始干枯、结痂,红晕消失,1 周左右痂皮脱落愈合,整个病程约 2~3 周,一般不留瘢痕。小斑疹、丘疹、水疱、结痂这四种状态会同时存在,要等到所有水痘都结痂脱落后才算完全恢复。

出疹期

在发热 1~2 天后会出现水痘,水痘在头皮、躯干受压部分最先开始出现,呈向心性分布,头面、躯干密集,四肢稀松。水痘出现后只需要数小时,就会经历小斑疹→丘疹→水疱→结痂的过程,水痘陆续分批发生,发展快。有时口腔、咽部、眼结膜、外阴、肛门等黏膜处也会出水痘,破裂后会形成溃疡。这个阶段瘙痒严重,要尽量防止宝宝抓破水疱,同时还需要对症治疗。

什么情况需要去医院

如果宝宝在发热的同时起水痘,还伴有咳嗽或头疼等症状,就必须带宝宝到医院去检查,及早地发现和处理其他可能的疾病。

宝宝出水痘后高热不退需要去医院就诊。

如果出水痘后,宝宝挠破水痘造成感染,需要去医院就诊。

宝宝出水痘怎么护理

饮食上要保证清淡易消化，如多进食米汤、面汤等，多喝温开水，注意休息。

如果宝宝痛痒难忍，可以用抗组胺糖浆。

宝宝指甲长了要及时修剪，避免抓破水痘而引起感染。若水痘已破裂，可请医生开一些抗生素软膏涂抹。

宝宝发热时要让他卧床休息，保持个人和室内卫生。

室内要经常通风换气，保持宝宝皮肤的清洁卫生。皮肤瘙痒时，可用炉甘石洗剂或2%~5%碳酸氢钠涂敷。

怎样预防宝宝患水痘

接种水痘疫苗。

水痘的主要传播途径是接触或呼吸道传染，口腔、血液及皮疹内的水痘病毒，可以通过食具、玩具、衣服、空气、接触等传染。所以，不管是其他宝宝得了水痘还是自己的宝宝得了水痘，都要注意隔离，直到水痘全部结痂脱落。

疱疹性咽峡炎来袭

叙述者 / 黑米妈妈（广西桂林）
宝宝 / 黑米（2岁8个月）

黑米上幼儿园的第二天，晚上临睡前，他突然吵着跟我说："要跟妈妈睡，不要跟奶奶睡。"我开始上班后的这两年多，黑米一直都跟奶奶睡，也很依赖奶奶，他这一反常举动，让我的心一下子就紧张起来：莫不是又要不舒服了？

带宝宝后，我最害怕的莫过于宝宝生病了，每天下班回家后，如果只是陪宝宝玩玩，那对我而言是一种难得的放松。但一旦宝宝生病，不管家里多少人帮忙，他只认定一点："我要妈妈，我只要妈妈。"然后就黏在妈妈身上，一刻也不能分开。

突如其来的高热不退

我看了看黑米，他整个人蔫蔫的，脸色也不太好，软绵绵地张着双手要我抱。我抱起后，他也不跟往常一样闹腾，很老实地窝在我怀里。我赶紧用手摸摸黑米额头，好烫，应该是发热了！我赶快叫婆婆拿体温计来量，一看39℃，我慌了，怕量得有误便又量了一次，结果更高，变成39.5℃了。

没有任何预兆，不像感冒，也没有咳嗽、流鼻涕，似乎就是一瞬间的工夫，体温就这么高了。顾不上物理降温，我们赶紧拿出药箱里的退热药让他吃了，他吃的是美林。吃完药体温很快降下来。我以为稳住了体温就没事了，没想到当天夜里 11 点多，体温再次攀升上来。

以往到这个时间点，黑米已经躺在床上熟睡好久了，而那天晚上，黑米不肯躺下，必须要我抱着。每次看他迷迷瞪瞪睡着后，我便抱着侥幸心理想悄悄放下，但是放下三次，每次他都哭醒了。到后来，我干脆放弃了这个念头，并做好了通宵抱着他的心理准备。

到凌晨 2 点的时候，黑米突然醒了，而且开始表达不舒服的情绪："妈妈，我难受。"他边说边指喉咙。一直陪着照护的婆婆说："莫不是要喝水吧，嗓子干。"婆婆赶紧起身去拿黑米的保温杯，但是当我们把温水递到黑米嘴边时，他却一个劲儿地摇头。

> 当宝宝能够明确表达不舒服的身体部位时，妈妈一定要查看下宝宝该部位是否有异常，以便尽早发现可能的疾病。

既然他不肯喝水，我们就给他进行物理降温，不停用温湿毛巾擦手、脸、额头，但没有什么效果，体温还在噌噌地升。吃药后体温能降下来，可降下来后不到两个小时体温又升起来，这样反反复复到第二天，黑米一共经历了 4 轮高热。早上我用体温计量了 3 次，他的体温总算稳定在 37.5℃左右了。身心俱疲的我终于略感安心，高热终于被击退了。

我跟领导请了假，决定在家陪着小人儿。这时候婆婆过来说："要不去医院看看吧，看医生怎么说，该打针打针，该吃药吃药。"我说："体温降下来了，要不再观察下吧。"口里虽这么说，但是心里真的没底，以前小侄子生病的时候，我也常鸡汤式地安慰姐姐："三五天就好了，不打针就是在曲线增强免疫力，宝宝扛过去下次就不那么容易生病了。"有了黑米后，我才知道宝宝生病后，对妈妈来说这三五天有多么煎熬。

熬不住去了医院

虽然整晚都没好好休息，但爱孙心切的婆婆仍早早起床给黑米熬了一锅大米粥，米粥熬得很稠烂。为了让黑米吃点东西，平常不许他吃糖的我，也破例在粥里调了两小勺糖。但是黑米一点也不肯吃。

婆婆又给冲了一瓶奶，可黑米还是轻轻摇头，看起来有气无力的样子。没招的婆婆下楼去小卖部买来了黑米平常最想吃的酸酸乳，递给他，黑米抬起眼皮看了一下，就闭上眼睛，很难受的样子。我又心慌又心疼，轻轻问怀里的黑米："崽崽你怎么了？你一点也不想吃东西吗？"这个时候，如果他说想吃什么，即使是平常禁食的垃圾食品，我也一定会开开心心看着他吃。

就这样熬到中午12点，黑米还是不想吃任何东西，他拉了点大便，比往常稀，但一直没有小便。期间有一次他想要喝水，但是刚喝了一口就哇哇大哭起来，大喊疼。不知道是因为哭闹的原因还是生病的原因，我感觉黑米越来越热，让婆婆拿来体温计一量，体温再次升至38.2℃。婆婆问我："还观察吗？"我说："不观察了，赶紧去医院吧。"

下午一点我们赶到医院，排队，挂儿科急诊。看着排队的全都是忧心忡忡的家长抱着或哭哭啼啼或已经睡着的小宝宝，我心里的担忧又增加了几分。

轮到我前面那个家长时，医生边给他们问诊边递给我温度计，让量宝宝的体温。量完医生一看，说："有点高啊，39.8℃！"说实话，当时我的内心是无比慌乱的。

> 很多疾病的早期症状都是发热，刚发热的时候很难确诊是什么疾病。如果宝宝不适不明显且没有急性症状，建议家长在开始出现发热症状的24小时内尽可能自己护理，24小时以后如果症状没有缓解，再到医院由医生检查治疗。

医生让黑米张开嘴，说要检查下口腔，开始黑米很配合，等医生用棉签压着舌头用灯照他口腔内部时，小人儿"哇"地大哭了起来，拼命挣扎。医生说口腔里面有很多疱疹，医生又检查了屁股和手脚，没见到疱疹。医生问过黑米吃东西和排便的情况后，便开了单子让我们去排队验血。

验血的结果出来得很快，我也看不懂，扫了一眼，各项指标都在正常值范围，白细胞也正常。拿到单子后，我和婆婆又去儿科医生门口排队等着诊断。

要不要输液

医生看完单子后，又开了几张单子，说："去那边交费，宝宝需要输液。"我问医生："这是什么病呀？"医生说："疱疹性咽峡炎。"我赶紧上网搜索了一下崔玉涛医生，看他有没有关于这个疾病的描述。自从黑米出生后，我已经成了崔大夫的"死忠粉"。我跟医生说："这个病是自限性的，加强护理就可以吧，应该不用输液，这个病打抗生素对宝宝不但没益处，还有害处。"

医生估计在门诊看多了这种依靠百度来治病的家长，有点无奈，但他态度还是挺不错的，耐心地跟我说："谁告诉你是要打抗生素啦。你不是说你们家宝宝什么东西也不吃，连水都不喝吗？你看，发热这么长时间了，现在体温又这么高，他需要静脉输液补充点水分和养分，这样有利于他疾病的康复。"

我仔细看了下手里的单子，龙飞凤舞，一个字也看不懂。算了，既然来了医院，就全身心地相信医生吧。婆婆去交费处交钱，我抱着黑米去输液厅那边排队。

> 引起疱疹性咽峡炎的病毒来得快，传播快，身体反应也强烈，首先是高热，体温可达39℃以上；接着咽部出现红点、小泡；直到发热停止后，小泡出现溃烂。但它和多数病毒性感冒一样，一周左右随着病毒的自然消退就会好起来，是一种自限性疾病，吃药、打针都不能帮助缩短病程。

> 抗生素没有预防感染的作用，只有杀菌的作用，对疱疹性咽峡炎这种病毒感染性疾病，使用抗生素没有效果。

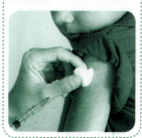

输液也是个比较糟心的经历，原本我看着扎针的护士非常利落，排在我们前面的小宝宝都一针就扎成功了。但是在我们前面还有一个小宝宝时，那个护士轮班了，换了另外一个护士。

新来的护士技术不那么娴熟，几次都没扎进，我前面那个家长铁青着脸，我感觉他都想打人，小护士也越来越慌张，后来她怯怯地问："要不试试扎脑袋吧？"我的心便一阵紧缩。总算那个宝宝扎好了，真的扎了脑袋。轮到我们了，我问："可以不扎脑袋吗？"护士说："可以的。"接下来的景象，我都不敢看，我用手紧紧抱着黑米，头歪向一旁，婆婆帮着固定黑米的小手，左手扎一针没成功，换右手，仍然是没成功。

婆婆心疼坏了，问："就不能换个有经验点的吗？宝宝本来就难受，还要给你们练手。"虽然我也特想怒吼，但这时我只能冷静地示意婆婆让她安静点，别让小护士压力太大，免得我家黑米遭更多罪。小护士一边说对不起一边问："能不能试试脚上？"脚上总算一针成功，黑米已经哭得嘴唇都变色了。

输液到一半的时候,我肚子"咕噜噜"地叫了起来,这才想起我们从早上起都还没吃任何东西。婆婆出去买了点吃的,我们在医院就把早餐和午餐都解决了。

几瓶生理盐水,足足用了3个多小时,输完已经到傍晚了。我们抱着黑米打车回家,发现黑米的体温已经降下来了,给他换尿不湿,尿不湿也重重的,显然是挂吊瓶期间,尿了不少。

口腔开始溃疡

第二天早上,黑米虽然仍嚷嚷嘴巴疼,但是婆婆盛来粥,他却吃了小半碗,我心里终于有点踏实的感觉了。今天我仍然请假在家,跟婆婆一起照顾他。

据说宝宝退热后口腔里会溃烂,吃东西疼,要一个多星期才能好利落。想到黑米从出现高热到现在,也不过一天两晚,一个星期得多难熬啊。

白天,黑米一直精神不大好,略略吃了一点稀饭,喝了点水。他的体温不算太高,但是也一直低热着,在37.2℃到37.5℃之间徘徊。

第三天的时候,黑米的体温终于正常了,但是却迎来了新的痛苦期,吃东西会痛,因为疱疹破裂造成口腔溃疡了。

我有过口腔溃疡的经历,明白这个时候吃东西疼,不吃东西也会疼。对于才3岁的宝宝来说,这恐怕才是最痛苦的事情,黑米甚至连喝水都会疼得哇哇叫。

> 热退了之后,宝宝就进入最难受的溃疡期,口腔里有创面,吃东西会痛,最重要的护理就是预防感染。这个时候,要鼓励宝宝多喝凉水,凉水有镇痛作用,还能把创面冲刷干净,也可以给宝宝喝鲜榨果汁。虽然宝宝嘴巴痛,但是还是要鼓励他多进食,选择有营养、易消化的流质、半流质食物,比如牛奶、蛋羹、肉粥等。

因为有了心理准备,除了不停鼓励他喝水,我也特别耐心地回应他的要求,比如白天基本一直抱着,晚上也抱着睡。虽然晚上因为疼痛,他睡眠特别不踏实,一直哼哼唧唧,但是比起他发高热时我心里的那种惶恐,我觉得体力上的劳累真的不算什么。

到第五天时,黑米的口腔里已经不红了,吃东西也不再疼了,算是完全好了。黑米康复后,在家又休息了差不多一个星期才去幼儿园,当妈妈的我却在办公室苦苦赶了一周的工作。回想起过去的这些天,用四个字来形容,那就是"暗无天日"。

医生小科普

疱疹性咽峡炎的治疗

宝宝患疱疹性咽峡炎后,多喝凉开水,可以起到镇痛的作用。另外,宝宝口腔里有创面,黏膜溃烂之后渗出来的一些液体对细菌来说是有营养的,细菌停留在这里会加快繁殖,而喝凉开水可以把创面冲刷干净,有利于疾病的恢复,此外还可以让宝宝吃点含片以减轻局部的疼痛。严重的疱疹性咽峡炎可考虑补液,但中成药和口服液,一般不需要。

疱疹性咽峡炎没有特效药物可以治疗,如果宝宝没有高热不退,一般都可以在家护理,注意以下三点即可:

- 注意及时退热,体温在 38.5℃以下可以物理降温,体温在 38.5℃以上需要吃退热药。
- 注意休息,尽可能满足宝宝的需求,让他舒服点。
- 鼓励宝宝多喝水。

如果宝宝高热 2~3 天不退,或者精神状态不好,需要去医院就诊。

疱疹性咽峡炎和手足口病的异同

- 疱疹性咽峡炎和手足口病是由同一类肠道病毒——柯萨奇病毒引起的。

- 两种病的症状有些相似,都会在口腔里看到疱疹溃疡。发病初期,如果手、足、臀部没有出现疹子,一般会诊断为疱疹性咽峡炎;若蔓延到手、足,那就是手足口病了,手足口病比疱疹性咽峡炎症状要重些。

- 预防这两种疾病,最重要的措施是勤洗手,预防病从口入,同时保证室内通风。因手足口病属于法定传染病,如果幼儿园或学校有集体发病的情况,常会关闭班级或整个幼儿园。

- 手足口病是婴幼儿常见的呼吸道传染性疾病,患病率高,由一组病毒所致,肠道病毒 71 仅是其中一种。手足口病疫苗是近期用于临床的较新疫苗,是针对肠道病毒 71 型——可能引起重症手足口病的病毒的。接种疫苗并不能预防全部手足口病,但却能预防重症,因此须给婴儿接种。

- 疱疹性咽峡炎和手足口病都是自限性疾病,一般不需要特殊治疗,就像普通感冒一样,只要护理得当,不用太紧张,一般 2~3 天体温便会稳定,一周左右就好了。

- 如果宝宝去年得过这两种病,今年也可能再得,所以预防很重要。

带娃心得

　　宝宝的成长透射着爸妈的教养痕迹，无论是一胎还是二胎，带宝宝都需要宝爸宝妈一直学习，一直体悟。宝宝虽然幼小，但并非石木，他们像一块总也吸不满水的海绵，永远不知道今天到底吸收了什么，吸收了多少。带宝宝时，宝爸宝妈就如同跟随宝宝重回孩童时光，不断学习与探索令自己和宝宝都身心愉快的相处方式，并付诸实践。

宝宝开门七件事

叙述者 / 阿紫子（广东广州）
宝宝 / 萌萌（1个半月）

俗话说的开门七件事：柴、米、油、盐、酱、醋、茶，泛指人们每天为了生活而奔波的事情。我家萌萌，也有每天例行的七件非常重要的事情，归纳总结了一下，就是屎、尿、屁、嗝、饿、睡、热！嘿嘿，有意思吧！

屎

这第一件事，从出生第1天到第40天萌萌都是比较正常的，前三天排出黑绿色的胎便，第四天后开始转为传说中的 ==黄金糊糊，不稀不稠==，扑鼻一股酸味儿，不臭，真的，几乎没有奶瓣、拉丝，宝宝也很少有排便困难，这些应该都拜全母乳喂养所赐。而且大便都是随着屁出来的，一天多则8、9次，少则5、6次。在月子中心里尿不湿是无限量供应的，一天用十几片都不觉得心疼，哈哈！

满月回家后，萌萌拉大便的次数开始逐渐减少，用的尿不湿逐渐从一天十几片减到六七片。但到了第41天萌萌突然不天天拉大便了，第一次是五天便了一次，后来基本是两天便一次！每次排出来的"粑粑"都是黄金糊糊的形状。我查过，这不是便秘，是攒肚。萌萌姐姐小时候在出生32天时开始攒肚，最长一次9天才排便，有萌萌姐姐的这个记录在这里，以萌萌目前的状况，我都不会太担心。

> 通常来讲，母乳喂养的宝宝会排出黄色、软膏样、均匀一致、带有酸味的大便；而人工喂养的宝宝会排出淡黄色或土灰色、硬膏样、常混有灰白色的奶瓣，并带有难闻的粪臭味的大便。母乳喂养的宝宝每日大便2-6次不等；人工喂养的宝宝每日大便1-2次。

尿、屁、嗝

尿没什么好多说的，在医院的时候，护士每天都会问宝宝尿湿了多少张尿不湿，还说至少要尿满 6 张才证明宝宝是吃饱了的。这几天萌萌正在攒肚，那屁臭得很，每次她都双手紧握地用力放，熏得我皱眉头，她倒舒坦得露出微笑。

> 宝宝排小便的次数因人而异，一般每天至少6次以上，最多可达20次。

把打嗝排在第四，足见其重要。宝宝吃饱奶后妈妈一定要将其竖着抱住，拍到嗝声出来，要不然宝宝吐奶会吐到换床单都换不及。好几次我都被她打出的嗝声吓一跳，声音太大了，让人难以置信。

> 宝宝的膈肌功能发育不完善，给吃奶后的宝宝拍嗝，有利于宝宝胃内空气的排出，从而预防吐奶，但不是每次排嗝都会听到嗝声。

饿

虽然吐槽过好几次我分娩的那家医院，但不得不感谢其让我实现了纯母乳喂养，即便我是剖宫产分娩的。我生完回到病房后，护士就立即抱着小家伙来吸我的乳头了。因为以前看过母乳喂养方面的书，书里说到婴儿生下来就应该立刻被抱到妈妈怀里，和妈妈胸贴胸、腹贴腹，生存本能会让婴儿自己去寻找妈妈的乳头然后开始吮吸。这个过程不仅有助于妈妈开奶，还会通过乳头上和乳房内的细菌帮助婴儿建立自己的肠道消化系统，总之好处多多。著名儿科专家崔玉涛也说过，母乳喂养的好处比我们想象的还要多。宝宝出生一小时内吮吸本能是最强的，一小时后就会开始慢慢消散。如果生下来一直没机会吃妈妈的奶，小婴儿就会彻底丧失这个能力。

> 世界卫生组织在母乳喂养条例中明确规定，新生儿出生后应立即将其放在妈妈胸前，让其与妈妈进行皮肤接触、吮吸乳头，不能少于30分钟。早吮吸有利于新生儿顺利找到妈妈的乳头，并正确吮吸母乳。

刚分娩完的那一天，由于奶量不多，萌萌就一直吸奶，最长一次吃了 4 个小时，还叼着奶头不吐出来，害得我几乎一整晚都没有合过眼。看她吸得累了，我想拔出奶头，可她叼得那个紧啊！她的鼻子太小捏不住，揪耳朵、抠脚板都没用。我躺得时间太久了，胳膊和肩膀都酸痛，想找护士要配方奶喂，护士坚决地拒绝了，说新

生儿的胃小，一般一顿也就能吃 10~30 毫升，她现在这样吸可以给我的身体提供信号，有助于增加奶量，达到供需平衡。

过了一天，奶量真的上来了。之后我就按需喂养，宝宝吃一顿 15~30 分钟，睡上 2~3 个小时，醒来再吃，一天下来就要 8~10 顿啊，我彻底沦为一头"奶牛"。现在，两顿之间的间隔时间开始变长了一点，晚上可以间隔 3 个小时，甚至 4 个小时了，一般晚上 12 点吃过之后，凌晨 4、5 点才要再吃，我也可以睡得时间长一点。今天萌萌的体重已达到 11 斤，看着她一身的肉肉，说明纯母乳喂养还是挺成功的！

睡

虽然很多数据说刚出生的宝宝每天要睡 16~22 个小时，但可惜的是，宝宝不会连续睡这么久。吃一次奶，睡上 2 小时，醒了又要吃，即便晚上也是如此。幸运的是，萌萌不要人抱着睡，吃饱了拍拍嗝，放在小床上或者摇椅上睡就可以了。这点不像萌萌姐姐小时候，不管抱着睡得多香甜，要把她往床上一放，她就立刻哇哇大哭了。

值得一提的是，"宝宝树"这个 App 特别好用，上面除每天提示的育儿知识外，还有宝宝喂养的统计工具，这样一来，萌萌每天的吃、拉、睡一目了然啊！

> 据统计，新生宝宝的正常睡眠时间是成人的 2 倍多，每天需要睡 16-22 个小时。只要宝宝白天活动时精力充沛、情绪好，吃奶正常，体重增长正常，就不用过于纠结宝宝睡眠时间的长短。

热

萌萌还特别怕热。好几次我怕她着凉，多盖了一层被单在她身上，没一会儿就看到她的小脸通红了，背部都是热烘烘的。晚上要是不开空调，她会热得睡不踏实，可一开了空调，室温降下来，她明显就睡得好了。

当了妈妈以后，我知道了父母的审美都是毫无节操的，自己的宝宝越看越喜欢，越看越觉得是最可爱、最棒的！哈哈！

> 宝宝的体温调节中枢尚未发育成熟，外界环境温度的变化对宝宝的体温变化影响较大，所以给宝宝穿衣、盖被要适中。

养育二胎并不难

叙述者/马达、马萌妈妈（山西太原）
宝宝/小马达（4岁）
宝宝/小马萌（1岁）

怀二胎前，我有诸多顾虑，因为养育大宝的过程着实不轻松。虽然有宝宝的奶奶、姥姥帮忙，我自己也一直没有上班，就在家照顾宝宝，但我觉得大宝马达长到两岁就好像过了一个世纪那么长。家里每天都有不同的育儿观念在斗争，遇到宝宝生病的情况，一家人总是急得团团转。马达长大了，奶奶的手腕得了腱鞘炎，姥姥得了腰椎间盘突出，想到还得再来一遍这样的日子，我是不太敢要二胎的。

一切都在和马达的一次聊天后发生了转变。马达两岁后，有一天，他突然跟我说："妈妈，别人的妹妹好可爱啊，我想要一个妹妹，妈妈你给我生个妹妹好不好？"我不知道他看到了什么场景才有了这样一个愿望，那天他抱着他的奥特曼小人呆呆看了好久，我心里升起丝丝的心疼与愧疚。其实我是二胎的受益者，

> 手腕腱鞘炎一般都是由于外伤或者手指、手腕长期保持一个姿势所致的。宝宝出生后，需要长时间抱着，抱宝宝时，由于手腕长期保持一个姿势，很多妈妈都会患上手腕腱鞘炎。宝宝出生后，建议妈妈多借助家人的力量，让大家轮流抱宝宝。

> 不正确的抱宝宝姿势，或者原本腰椎就不好的情况下抱宝宝，都很容易引起腰椎间盘突出。

我有哥哥,小的时候我跟着哥哥上学,哥哥和他的朋友们都"罩"着我,我每天都是无忧无虑的;长大一点和哥哥不在一起上学,但打电话时也总有说不完的话;现在有什么事情也都能和哥哥商量,总有特别安全、安心的那种感觉。

关于生不生二胎,我在挣扎犹豫时跟老公商量,没想到他说自己其实一直想再要一个宝宝,但是怕我不愿意,便一直没开口。生大宝时老公因为工作的原因常年在外,但现在在家的时间多了起来,他说以后可以亲自帮我分担带宝宝的事情,这个承诺给我吃下了一颗定心丸。

在这样的背景下,我们的二胎宝宝马萌降生了,我以为养育马萌会和马达一样重历艰辛,然而事实证明,我多虑了。

同样遭遇黄疸,大宝住院二宝回家

二宝出生时,和大宝一样遭遇了黄疸。

新生儿从出生后的两三天开始,会经历一个肉眼可见的皮肤黄染过程,这个现象被称为黄疸,是血液中胆红素变化所致的。一般情况下,足月儿黄疸最明显的时间是生后4-5天,早产儿则为生后5-7天;而黄疸完全消退的时间,足月儿一般不超过2周,早产儿可延迟到3-4周甚至更久。

多数足月新生儿通过加强喂养、帮助排便等方法,可以安全度过黄疸期。

大宝得黄疸时,医生告诉我们宝宝的黄疸指数有点高了,让我们住院治疗。我们头一次遇到这样的情况,也搞不清宝宝得黄疸是什么原因,便听医生的话赶紧办了住院手续,生怕宝宝得不到治疗会有个三长两短。这一住院就住了一周,大宝有五天是放在保温箱里治疗黄疸的。

我和隔壁床的妈妈同一天生下宝宝,眼看着他们家的宝宝每天和妈妈在一起,而我的宝宝却在吃奶后就被匆匆抱走,我感觉自己的心也被一起牵走了,失魂落魄的。

好不容易挨到出院回家,来探望宝宝的同小区张奶奶说,她家孙子出生时也有过黄疸,但没住院,回家后三五天就自行消退了。后来我和老公看书的看书、上网的上网,到处查黄疸的资料。我们发现黄疸是大部分宝宝出生后都会遇到的现象,其中只有极少数是病理性黄疸，多数是生理性的黄疸。生理性黄疸无须住院，能够自行消退。

医生不分三七二十一就让宝宝住院治疗，想来是图省事，怕万一遇上病理性黄疸。但病理性黄疸的概率实在太低，而且病理性黄疸可以进一步确认，牺牲宝宝和妈妈相处的机会实在不值得。

所以，这次二宝的黄疸，当医生又建议我们住院时，我坚决拒绝了。由于是顺产，我们三天后就出院了，出院后我带宝宝晒了几次太阳，黄疸很快就消退了。

大部分时间二宝都和我在一起，所以我产后的心情也比生完大宝后愉快得多。可能因为心情不错，晚上起夜给宝宝换尿不湿、喂奶也觉得没有上一次那么疲劳，真的是神奇的体验。

> 宝宝的黄疸在出生后24小时内就出现，或者黄疸程度非常重，大大超过新生儿正常范围，或者消退时间明显延迟等都要引起重视，积极配合医生治疗。此外，宝宝刚出院回家的几天内，黄疸监测要谨慎，有异常应及时就诊。

感冒咳嗽，原来是护理不到位

同样是感冒咳嗽的事情，照护大宝就非常吃力，而到了二宝身上，我和家里人都淡定得多了。

大宝出生在三月，还不是很冷，但也还没有热起来，他的日常穿衣包被都是听奶奶的。奶奶怕他冻着，一般都给穿得厚。那个时候我穿两件衣服，遇上晴天还会流汗，但是大宝一般都是穿两件还裹一层厚包被的。晚上我喂奶时，摸到他的头发都被汗弄湿了，我就给他脱掉包被，可早上起床奶奶又再给他穿上。那时大宝就经常感冒，不仅流鼻涕，还咳嗽。有一次，大宝感冒咳嗽，我们带着他去医院，医生给开了药，吃了两天药他也没好转，

还是咳，而且发热了，我们又换了医院看，哪知已经成肺炎了，需要住院治疗。医院条件不如家里，陪床的奶奶合不上眼，大宝咳得连奶都吃不了，发热时温度时低时高。这一住院就是一周的时间，这也是我们最崩溃的一周。后来医生发现我们给大宝穿得太厚了，还时穿时脱，便说这可能是造成大宝感冒咳嗽一直反复的原因。

有了大宝的经验在前面，二宝出生后，我们都很注意不人为制造温差，我也会和婆婆一起看育儿专家讲解视频以及文章。其中有一篇是儿科专家鲍秀兰奶奶讲的关于宝宝穿多少的文章，上面提到宝宝怕热不怕冷，比大人少穿一件衣服不会冻坏，但穿得太多反而不利于体温自我调节，出汗多了更容易感冒。

所以二宝在襁褓期一般就比我们多一件薄一点的包被，等到能坐、学走以后，就和我们穿得差不多了，动起来时会比我们少一件，刮风下雨的时候就加一件背心。

二宝也很争气，6个月以前没有感冒过，6个月以后感冒的次数也不多，即便她感冒了，我们也没有像照护大宝那样慌张忙乱。因为我们知道感冒是自限性疾病，看她精神头也不错，就多多给她喝些温热的水，没有用药。一般到第三天下午，二宝的感冒基本全好，非常顺利。

大宝追着喂，二宝自己吃

大宝从小就是个小调皮分子，三个多月时他吃着奶就突然和我玩起游戏来，故意咬我，还等着我反应，看到我轻轻捏他的脸蛋，就冲着我贼贼地笑，笑完才继续吃。等到他开始吃饭时，调皮捣蛋的他根本不能安静地坐在桌子边吃饭，吃两口就喊："要下去，要下去。"奶奶担心孙子饿坏，几乎都是端着饭碗追着喂的，他吃饭十顿有八顿是边跑、边玩、边喂的。

宝宝的新陈代谢比成年人更快，产热量更高，但心脏功能弱，血压低，所以会出现体温不低，但手脚凉的情况。如果宝宝手脚发热，就说明穿得过多了。一般摸宝宝的后背或者前胸这些躯干部位，感觉温热但没出汗就代表穿着最恰当。

老公出主意说他不想吃就饿他一顿，饿了他自然会来吃，但说起来容易做起来就是另外一回事了。家里总不缺吃的，他饿了就翻箱倒柜地找零食，总有他能找到的，就算找不到零食，他还知道找奶奶，奶奶是绝不可能饿着孙子的。所以，饿他一顿这个办法完全行不通。

大宝现在4岁了，吃饭还静不下来，这个头疼的问题我再不能复制到二宝身上。所以我和婆婆达成了共识，二宝不能再追着喂饭，让她尽早自己坐在餐椅上和我们一起吃，她自己吃得多脏都不阻止她，等吃完后再来收拾。

真是心想事成，二宝的习惯养成也很顺利。现在，1岁的她会自己一手拿勺子一手捧着碗吃得满嘴糊，但我们从来没有干涉过她，让她尽情吃到不愿意继续了才收拾，基本上我们吃完就开始给她收拾，时间搭配刚刚好。

养育二宝让我更懂得享受生活

生二宝后我最大的转变在心态上，很多事情都不再那么纠结。生大宝后，大宝的每一件事都让我很紧张，或者说让全家人很紧张。比如，大宝有一次上吐下泻，与感染轮状病毒的症状很相似，我就希望在家里护理，给他多喂点水，观察他有没有脱水，没脱水就不去医院。这样拖过两天，大宝仍然呕吐，但根据书上的描述我判断他没有脱水，因为他一直有尿，皮肤也有弹性，眼窝也无凹陷。但宝宝的奶奶和姥姥都催我带宝宝去医院、给宝宝吃药。我被催得慌神了，顶着巨大的压力带宝宝去检查，结果医生诊断就是感染了轮状病毒，还告诉我还有一两天宝宝会慢慢好转的。

对大宝的种种紧张也包括了教育方面：大宝不敢和别的小朋友玩，我会担心；大宝乱发脾气，我会担心；大宝不愿意和人打招呼，我也担心得睡不好。

家长应当承认和接纳家中不同宝宝的独特性，认识到他们是完全不同的宝宝，根据各人的气质特征找到不同的养育方式，让他们感受到虽然他们各不相同，但爸爸妈妈同样爱他们。

现在养育二宝，我好像打通了任督二脉一样，变得坦然多了。二宝天生脾气比较憨厚，哥哥抢了玩具也呵呵直笑，哥哥打了她，抹干泪水又去做哥哥的跟屁虫。哥哥调皮捣蛋的同时又很害羞，不知道是不是老二的到来让我看到了不同性格的美丽之处，我反而不再那么在意哥哥那些让我担忧的问题，转而开始尊重他现有的状态，远远地欣赏他们，我感到生命很美。

在我哄二宝的时候，大宝也常常会来凑热闹，又亲又唱歌又摇摇篮，还会表白："妹妹，你好可爱哦！"这时候我哪里还会觉得哄宝宝是累人的活，有大宝帮忙带妹妹的日子，大概是我每天最幸福的时光了，我们三个人，就算仅仅是静静地待着，也感觉每个人的心里都在开花一样。

当然，大宝调皮起来会把妹妹的摇篮摇得飞起，我担心妹妹摔出来，着急了也会大声呵斥大宝，但我越是大声，大宝就越是摇得飞快，小脸上也透露着愤怒，凭直觉我猜到他吃醋了，便赶紧去抱住他，安抚他，他很给面子，一般很快就息怒了。生活中这些小插曲一直在发生，但我渐渐发现它们并没有影响大宝对妹妹的喜爱，他总是很骄傲地向他的小朋友介绍："看，这是我的妹妹，她很可爱的哦！"

我也慢慢习惯了不去干扰他和妹妹的相处，我将自己的角色从以前的教导者调整成了参与者，当我平等地看着他们时，我发现自己成了一个享受者。

养育二宝的确改变了我，让我觉得生命是如此美妙的事情，我的心态也变得平和了。我少了很多麻烦，也多了很多自由，我不再一心只关注宝宝，反而开始注重自己的感受，去考虑自己的规划。

医生小科普

对待二宝要避免的五要点

不要不经商量就把大宝以前的玩具、衣服等转给二宝

即使大宝已经穿不下的衣服，或很久不玩的玩具，在大宝心里，那依旧是他的。如果不经商量就把它交给二宝，那是在侵犯大宝的物权，这样容易导致大宝对二宝产生厌恶甚至怨恨的心理。

不要把大宝和二宝进行对比

家有二宝，家长可能经常这么说"你吃快点，弟弟都吃完了""还是妹妹比较勤快"……这样的对比固然能让大宝意识到差距，却更可能让大宝对二宝产生怨恨心理，尤其是用二宝的优秀反衬大宝的不足时。

不要轻易介入大宝和二宝的争端

大宝和二宝有争端是不可避免的，因为他们之间有太多"利益"冲突了，其中最大的冲突就是都想得到爸妈更多的爱和关注。但其实争吵和冲突是很正常的，只有经历争端，他们才能渐渐学会妥协和让步，才能懂得体谅他人。

不要说"他还小，你让让他吧！"

许多家长常对大宝说"弟弟（妹妹）还小，你让让他吧！"，这句话的意思是：虽然你更占理，但是你更大，所以请你让一下。家长必须意识到大宝并没有义务什么都让着弟弟或妹妹，所以一定要分清是非对错。

不要当着一个的面批评另一个

每个人都有自尊心，宝宝也不例外。我们知道不在公共场合批评宝宝，却往往没有意识到要避开另一个宝宝。谁都不愿意自己狼狈的时候被围观，请保护宝宝的自尊心。

勿以孩小而哄骗之

叙述者 / 土豆妈（山西太原）
宝宝 / 小土豆（2岁）

"再不睡觉，山那边的大老虎就会来叼走你""别哭别哭，一会儿给你买好吃的"……自己小时候被大人哄的这些套路，现在都还历历在目。小时候我没少因为山那边的大老虎做噩梦，梦里都要哭醒，可这魔咒一样的哄孩技能就像本能一样，不用教大人都自然而然地会使用，就算自己深受其苦，也会不自知地用在宝宝身上。

让我自责到心疼的哄孩事件

小土豆1岁几个月就学会讲许多话了，有一回他感冒，我请假在家照顾他，他蔫蔫地一直要我抱。这样照顾了两天后，他有好转，要自己下地玩，吃东西食欲也还不错，于是第三天早上我便将他交给爷爷奶奶，自己回去上班了。

到了单位后，我给婆婆打电话打听宝宝的情况，婆婆说："早上醒来没看见你哭了好一会儿，现在和爷爷玩铲沙子，有一点流鼻涕，摸着也还有点烫。"玩沙子是宝宝最喜欢的游戏，我心想有劲儿玩沙子应该没什么大碍了，就没往心里去。

午休时，婆婆打电话来说宝宝还在发热，又哭着要妈妈，我一听有点着急了，答应马上请假回家，电话那头婆婆马上告诉宝宝这个消息："宝宝不哭，让妈妈马上回家看我们小宝贝好不好？"我听到电话里传来宝宝带着哭腔又兴奋的声音："好！"

刚挂了电话工作就忙起来，我手头上一个项目临时要做调整，要得很急，我着急得团团转。正犹豫要不要跟领导请假，公公打来电话说宝宝现在平静下来睡着了，让我有事先忙着，不用着急回家。我如释重负，便留在单位处理工作，没有回家。怕宝宝失望，我还特意让公公和婆婆跟宝宝解释说妈妈晚一点就回家了。

等忙完手上的工作开开心心下班时，令我后悔不已的事情发生了。回到家一进门我就看到宝宝正蹲在地上和爷爷玩小人捉迷藏的游戏，我像往常一样喊他："宝贝，妈妈回来啦。"以前他都会闻声飞奔过来拉起我的手，开心地一边跺脚一边笑，亲热地回应我："妈妈，妈妈！"但是今天他只是扭头看了看我，轻轻叫了一声妈妈，然后就不再搭理我了。我走过去试图抱他，他赶紧往爷爷怀里躲，我的心咯噔一下失落了，心想他一定是对我有不满了。我再想要去爷爷怀里抱他时，他

> 每个家长都会面对宝宝不听话、淘气、哭闹的时候。这个时候，家长不要哄骗宝宝。如果要许诺，那许诺前一定要三思，考虑清楚自己到底能不能办到，如果不行，可以采取其他的方式来安抚宝宝的情绪。

又惊恐地跑开躲到奶奶那里去了。

当我进到房间消失在宝宝视线范围时，我听到他哭着叫我："找妈妈，找妈妈！"他跟跟跄跄地追了过来，当我伸开双臂想要拥他入怀时，他却再次跑开了。我问婆婆宝宝是不是很生我的气，婆婆验证了我的担忧："听到你说马上就回来，他不知道多高兴，问了我好几次妈妈快到了吗，等着等着就睡着了，睡醒就问妈妈到了吗，我说妈妈晚点就回来，他就撇着小嘴开始闪泪花了。我和他爷爷轮着逗他，过了一阵子他才安静下来。"

我是伤了宝宝的心了，答应他回来又临时变卦，他满心期待地等着我，结果却是一场空。虽然还不到两岁，可宝宝好像已经明白什么是失落。对大人来说这似乎就是很平常的小事，可对于宝宝来说却是一件天大的事情，影响着他对妈妈的认知以及怎样与妈妈相处，我没有信守承诺，宝宝再见到我竟不知所措。

我真后悔敷衍宝宝，现在只能尽力去修补，我多次靠近他，跟他聊天，用好玩的游戏吸引他过来跟我玩，这样反复尝试了半个多小时，宝宝才渐渐放松了对我的警惕，接受了我的怀抱。他抱着我还大哭，边哭边对我说："不要妈妈走，要妈妈陪。"我跟他道歉："宝贝，妈妈对不起你，妈妈答应了宝宝却没有做到，妈妈今天一直陪着你好吗？"他把头埋在我身上紧紧抱着我怯怯地回答："好！"我的心就像被火烫了一样疼，真想时光穿越回我说回家的那一刻，我一定会选择先回家。

去医院打针奇迹般的转变

很快到了小土豆打疫苗的时间。还记得满月带他去打疫苗时的情景，护士阿姨拿着针头过来对他说："哎哟，小宝贝的眼睛真大，真好看。"说着针就扎进去了，等针出来他也没有什么反应。我们都在

> 因为某些特殊原因，没有很好地照顾到宝宝情绪时，妈妈无须过分自责。每个人都是不完美的，当妈妈的人也同样如此。过分自责容易让妈妈对自己苛求，时时苛求又会导致心理上的疲累。不妨放轻松，对小宝宝来说，他更愿意看到轻松快乐的妈妈。

开玩笑:"宝贝不怕疼呢。"刚说完他就"哇"地哭起来了,奶奶赶紧哄:"不疼,不疼,我们宝贝一点都不疼。"以后再去打针他就知道哭了,往往是护士朝他走过来他就开始扭啊扭的,边扭边撇小嘴,泪眼盈盈的。

宝宝的奶奶、爸爸,还包括我,都拿打针吓唬过他。天冷了不肯加衣服,奶奶就说:"不穿衣服感冒了不得了,要去医院打针的,你怕不怕?"看见爸爸的一把水果刀老要拿着玩,爸爸不给也吓唬他:"你看这个,危险,切到手了会流血,得找医生打针才能好的。"

我们尽给医生护士添黑锅了,导致宝宝对打针见一次哭一次。这一次我们带着他去打疫苗时,排队的人很多,我们就坐在医院的儿童乐园里边玩边等。我看着墙上的疫苗宣传以及穿白大褂女医生的照片,突然想起来很早前看过的一本书《好妈妈胜过好老师》,里面好像有讲到宝宝打针哭的问题,说家长不应该一味地告诉宝宝打针不疼,因为这不是事实,不符合宝宝对事实的认知,反而是实话告知,一起面对才能帮助宝宝克服对打针的恐惧。

加上刚刚过去的失信于宝宝的事,我决定改变之前给宝宝形成的老印象,让他从大人这里获得关于打针的正确描述。当别的家长和我们以前的一样脱口而出"啊,宝贝,一点都不疼"时,我趁机跟老公商量:"我们今天不跟宝宝这么说哈,等下宝宝哭你别出声,让我来跟他讲道理。"老公不以为然:"才一岁多,他哪里会听你讲什么道理,哭哭就没事了。"老公还不相信,就算只有一岁多,他的小宝宝内心活动已经非常丰富了,早已不是他心目中那张白纸啦。

我走到正在摇着小木马的宝宝身边,蹲下问他:"宝贝,一会儿我们要打针,你知道吗?"他没啥表情地点了点头,怕是又开始酝酿害怕的情绪了。我接着问:"你有点害怕是不是?"他接着点头。我问:"害怕疼对吗?"他没点头,

也没摇头。我把他抱起来,安抚他,跟他说了为什么要打针,打针为什么疼,有多疼。

"我们打针是为了把能帮助你不生病的东西送到你的身体里去,这样你就每天都可以玩好玩的玩具啦。打针会疼,是因为护士阿姨需要拿那个小针头刺一下宝宝的皮肤,好让不生病的东西能送进身体里,因此你会有一点点疼,但不会有你割伤手指那么疼。"宝宝一直很安静地听我讲完,似懂非懂地看着墙上的白大褂医生。他之前玩爸爸的小刀割伤过手指,割伤后他很平静,没掉眼泪也没慌张,看见流血了没敢告诉爸爸,自己跑去找奶奶,告诉奶奶流血了。割伤手指后他肯定也感觉疼了,但这样的疼他却并没有哭,也不害怕,反而是怕爸爸骂他玩刀,绕过爸爸去找奶奶求助,这说明他对疼是有忍耐力的,不至于因为疼而哭。

这样一想,他逢打针必哭,也可能是因为我们大人错误的哄骗混淆了他的正常认知,造成了他的不安全感。我继续强化打针的过程:"一会儿保健医生阿姨会先给宝宝检查一下身体,看看有没有发热、生病,宝宝只需要坐在椅子上,很快就看完了。然后我们就到护士阿姨那里去,护士阿姨会给你打针,妈妈抱着你,你感受一下是不是像被调皮的蚂蚁咬了一下,好不好?"

这下宝宝似乎放松了许多,他笑着点了个头回应我。很快就轮到我们了,我把他放在椅子上,保健医生检查完胸口让他张开嘴,他没有抗拒,看了看我很快就配合地张开了。我和医生都吃了一惊,医生还夸他了:"哎呀,宝宝你真乖。"前面两个宝宝在医生听心音、肺部的时候都哭得稀里哗啦的,而且上次来时宝宝一坐在椅子上就开始抽泣了。

接下来是打针,我按照约定抱着他,继续强化打针并不是我们之前哄他的那样一点都不疼，医生也不是看见宝宝就都要给他们打针。我跟他说："宝宝，这个护士阿姨很棒，给宝宝打针不会出血，是会有一些疼，但只疼一下下，你再感受一下是不是好像被蚂蚁咬了一口一样神奇，好吗？"我看到他坚定地点了点头。

护士上好了针，朝着他走过来时，他还下意识地躲了一下，小嘴巴也撇了起来，有点恐惧。但好在护士手法很快，他很快就安静了，没有哭出来，等护士走开后，他抬头看我，跟我说："妈妈，蚂蚁咬一口。"我和他爸爸都被惊到了，这小子完全听懂了，我问他："疼不疼呀？"他笑眯眯地回答："一点点疼。"我和老公被他逗得哈哈笑。

这年春节期间，宝宝得了肺炎要输液，本来我害怕宝宝手扭来扭去不好打，已经做好打脑袋的心理准备了，结果护士看了看宝宝的手说手上好打。打针前我们像上一次一样将打针的情况说给他听，等正式扎针时我都没忍心看，宝宝却异常冷静，

他就看着护士扎针、固定，护士都吃了一惊："宝贝，你真是太勇敢了！"听到夸他，他也眯眯笑："妈妈，你看，我没有哭，我勇敢吗？"我顿时眼泪都出来了，当初还在我怀里啼哭的小崽子，现在成了一个这样的小人儿，能够克服打针的障碍，甚至比我想象的还要勇敢。

感悟

经过这些事，我们一家都确立了一个观点：跟宝宝能够摆事实、讲道理，不能再觉得宝宝还小不懂事，就用哄骗的方法来治他。那样虽然暂时搞定了他，可实际上却是在给他做错误的示范，要知道只需要一次期望落空，就足以毁掉他对大人的信任，让他觉得大人的话不能相信，以后再用同样的方法，他也不会再相信了。

医生小科普

哄骗宝宝的后果

最常见的哄骗就是为了阻止宝宝的某个行为，便胡乱向他许诺，事后却不兑现，例如：

"你要好好吃饭，一会儿我给你买巧克力。"

"你不哭了，我就给你买玩具。"

"你先进去和幼儿园里其他小朋友一起玩，妈妈之后就进去找你。"

……

这样做通常都能够很快安抚宝宝，让宝宝平息哭闹与愤怒，但同时也伴随着这样的后果：

| 当宝宝意识到自己被骗之后，他一样会很生气，或者不再信任骗他的人，连带周围所有人都不再信任。 | 在我们试图向宝宝传递规则时，他会以怀疑的眼光看待，总想尝试突破底线也是他很自然的一种反应。 | 宝宝可能会模仿大人，养成撒谎的习惯。 |

比哄骗更有效的方法

学会倾听宝宝

当宝宝哭闹的时候，可以试着问他："你看上去很生气，怎么了？""原来是这样，那妈妈一起和你想办法来解决问题，好吗？"宝宝感受到被倾听、被理解，这样也会比较容易冷静下来。

给宝宝立规矩

在商场，宝宝总是想要这个想要那个，不买的话，他就会大哭大闹。很多家长遇到这种情况都会束手无策，对宝宝发脾气吧，宝宝反而变本加厉，向宝宝妥协吧，他下次又会故伎重施。

对于这种情况，家长要提前给宝宝立规矩，在家提前和宝宝约定好，一旦约定必须遵守。如果宝宝不听，要温柔而坚定地跟他说："宝宝是个讲诚信的宝宝，所以我们要说话算数哦。"

用选择代替命令

如果家长想要宝宝做一件事的时候，不要用命令的语气。比如："宝宝，赶紧把玩具收拾好了，我们要吃饭了！"这样宝宝听了反而会变本加厉，把玩具扔得满地都是。这时候，妈妈可以尝试着温柔地对宝宝说："宝宝，我们是继续玩玩具，还是去吃饭呢？今天可是有你最喜欢的玉米糊哦。"给予选择的机会等于给予尊重，宝宝听了不但会平静下来，而且还会好好地想想他的选择。

耐心地向宝宝解释这个世界

跟宝宝解释这个世界的一切，是家长的重要使命，宝宝是一个独立的个体，他有自己的理解能力和认知能力。家长不要认为宝宝还小，什么都不懂，耐心跟宝宝解释，往往会获得意外的收获。

二胎攻略：
第一次姐妹冲突

叙述者 / 阿紫子（广东广州）
宝宝 / 祺祺（9岁）
宝宝 / 萌萌（1岁2个月）

一下班回家，大宝就迫不及待地向我"投诉"：妹妹溜进了她的房间，把书架上的书抽出来丢到地上，抽屉里的玩具被翻了出来也扔得到处都是，最让她无法忍受的是作业本让妹妹给揉烂了。她让我主持公道，惩罚妹妹。

该来的终于来了。姐妹俩整日甜甜蜜蜜的"初恋期"过去了，开始有冲突了！好在我已经阅读了不少关于生二胎后两个宝宝如何和平相处的文章，为的就是有今天这样的情况发生时能从容应对。

我面对姐姐的愤怒，安慰她道："真糟糕，妹妹把这里弄得好乱！换了我也是会生气的。"这是首先肯定大宝的情绪。"是啊，妈妈看我的作业本。"我一边帮她抚平作业本，一边接着说："你看妹妹，她现在也知道错了，但是她不会说话怎么办？她想道歉都说不出来。"二宝站在那里一动不动的，好像真的被姐姐的大脾气给吓坏了，怪可怜的。

我拉着大宝的手去牵二宝的手，我说："小宝，快亲亲姐姐，我们下次再不捣乱了！"二宝真的就去亲了一下姐姐，大宝就没那么生气了。我又说："我们一起来整理房间吧，正好借这个机

> 妈妈阅读有关育儿知识，有利于了解大宝与二宝在相处中的心理特点，也更能找准作为家长的定位，这个做法值得鼓励。不过，育儿从来都具有明显的个体差异，育儿理念可以学习，但育儿方法还需要自己多与宝宝们相处，在实践中总结。

会把一些不用的东西扔掉，你看，坏事也变好事了对不对！"这是让大宝学着不抱怨。大宝看到我开始动手捡东西，她也开始收拾玩具。最后我们整理出了一大箱她不想要的玩具。她喊来妹妹说，这些全给你了，以后不要再来翻我的东西了！二宝也乐得去玩了。第一次冲突就此圆满化解。

通过这次冲突，我更加觉得，家长一定要给自己一个很正确的角色定位：我们不是"裁决者"，而是"帮助者"。当宝宝们有冲突的时候，我们首先需要定下一个基调，这个基调应该是引导的，而不是惩罚的。千万不要把自己当成一个"裁决者"，一旦这样做，宝宝会不停地让你来处理他们之间的纠纷，因为你没有教他们两个怎么处理问题，没有引导他们如何自己处理问题。

前几天和一个二胎妈妈聊天，她非常肯定地告诉我，一定要先照顾好老大！老大一定会将从父母那里得到的爱，传递给下面的弟弟妹妹，如果不是这样的一个顺序，那必有后患。她生二宝之前在银行工作，忙事业没时间照顾宝宝，大宝是跟随外公外婆长大的。后来有了二宝，她做了全职妈妈，开始自己带两个宝宝，这下大宝可接受不了了。最后事情发展到，她不敢单独将两个宝宝放在一起，因为老大会抓住所有机会去伤害老二，比如把妹妹的婴儿推车推翻、把妹妹从床上掀下去……后来，妈妈通过不断努力改善了老大和老二的关系，可是这样的故事听起来让人觉得胆战心惊！

我想到了自己前阵子看大宝从头到脚都不顺眼，一言不合就训斥她，而对小宝却怎么爱都不够，无比有耐心。九岁的大宝正处于发现自我的阶段，越来越有自己的想法，所以才会和我对抗，才会大哭、大闹、大吵。而二宝是快速进步的婴儿，一点一滴的成长变化都令人欣喜不已。一个越来越连狗

都嫌，一个越来越招人爱，我内心的状态通过我的言语不自觉地传递给老大，结果，老大更加叛逆难过，自然会凡事迁怒于老二。

两个宝宝之间谁更脆弱、更容易受伤？看看我身边的二胎家庭及我亲身的体会，几乎无一例外的是，最容易受伤的是老大，而不会是老二。这是因为老二从一开始就接受了有哥哥或姐姐的家庭，而老大呢？像我们家，姐姐做了八年的独生子女，妹妹出生以后，全家人都缩减了陪姐姐的时间和精力。虽然我已经尽量抽时间陪姐姐了，但是这又怎么比得上之前的全部陪伴呢？

今年以来的每个周末，我都会有单独的半天或一天陪伴姐姐的时光，在这样的时间里，姐姐对妹妹的确就更好些。若是对姐姐以严厉的语气说话，她对妹妹的态度马上就会变得苛刻。所以只有先给老大充足的爱，让她从心里感到满足和幸福，她才有可能耐心和温柔地关怀妹妹。

听我讲了这么多，有些父母是不是越发觉得养两个宝宝太辛苦？其实不然，老二一定是父母送给老大最好的礼物。虽然多个宝宝，必然会多出很多事情来，但换个角度来看，宝宝在家里就能经受冲突和合作，这样对她长大以后进入社会是大有好处的。回想起我自己上大学住校时和室友们痛苦磨合的情景，究其根源，就因为她们大多家里有姐妹兄弟，而我是独生女，被"包围"着长大，所以会任性、孤独又焦虑。我相信我的宝宝们长大以后不会再有我这样的困惑了！

妈妈的责任

叙述者 / 阿紫子（广东广州）
宝宝 / 祺祺（8岁半）
宝宝 / 萌萌萌萌（11个月）

今天去探望了一位刚刚"晋升"的二宝妈，大宝们一起玩，我和她聊着天。一样的酸甜苦辣咸五味生活，我们感慨良多，最后聊得她都舍不得让我走，嘿嘿！实在是太有共鸣了。

我们都知道生活环境对宝宝的成长非常重要，可是在宝宝的成长过程中，给宝宝提供一个良好的成长环境却不是那么容易的。就像这位二宝妈说的，小家庭还好，如果是一大家子住在一起，从宝宝出生开始，就需要不停地与周围的人进行"斗争"，家里人不理解的话更会闹出许多不愉快。

她说二宝出生以后，她的精力就放在了二宝身上，5岁的大宝主要依靠奶奶照顾。她发现，大宝和她在一起时什么都很好，跟奶奶在一起时，就完全变了一个人：不尊重奶奶，容易哭闹，故意和人作对。通过观察，她觉得奶奶确实有一些地方做得不够好，比如大宝早上上学前必定大哭一场，是因为她穿不了自己喜欢穿的衣服，以前都是妈妈头天和她一起选好放在枕边的，换成奶奶照顾以后，奶奶总是忽略了这点。这位妈妈和奶奶商量，奶奶表示愿意接受，但不知是年龄大了容易忘事，还是经验使然，这每天一哭并没有解决。

宝宝爸爸在家也帮不上什么忙，那些能陪着宝宝玩甚至做全职奶爸的都是别人家的爸爸！而妈妈就不一样，也许是因为宝宝出生前与妈妈是一体的，所以这种关系在出生后仍继续延续着，宝宝对于妈妈的需求也远远高于爸爸。从宝宝出生以后，为了宝宝身体、心理的健康，妈妈们没有哪一天不在关心着宝宝的身体，关注着宝宝的教育。语言能力、大动作、精细动作、感官训练、人际关系、习惯养成、智力开发……简直操碎了心！

《发现母亲》的作者王东华说："女性的特点适合于人口再生产，男性的特点适合于物质再生产，人口再生产的重要性远远高于物质再生产，让女性放弃育儿去从事她们不擅长的物质再生产是一个大错误。人类社会最大的剥削是对母亲劳动的剥削，母亲要像服兵役一样服三年'母役'。一个合格的母亲是女性成材的一种特殊形式。"他还说："在宝宝的成长中，母亲的作用要在90%以上。母亲是雌蕊，是土地，是先天，是内因，而父亲则只能在此基础上再同母亲及其他因素一起构成后天，构成外因！母亲稍有闪失，对宝宝的损害与打击都将是毁灭性的！"

这位二宝妈还给我打了个比方，说生长在中国最东边的毛竹，前四年只能长三厘米，很多都熬不过漫长的等待，但第五年后，毛竹每天以30厘米的速度生长，短短几周便可郁郁成林。这就跟养宝宝一样，前面的几年特别难熬，但最困难的时期度过以后，后面就顺利了。

从准备怀孕到十月怀胎、一朝分娩，再到抚养宝宝成人，整个过程都是对女人的锻炼，更是考验。母亲经历生死考验生下宝宝，然后再付出极大的精力抚养宝宝，可以说，一个母亲的青春就是在生养宝宝的过程中慢慢地消逝的。

我相信，一个深爱宝宝的母亲如果能做到用心关注自己的宝宝、培养自己的宝宝，在宝宝最需要自己时永远陪伴左右，那么她的宝宝一定是个身心健康、对社会有用的人。

我记得周国平曾说过一段话，大意是，你有了宝宝的意义，应该是透过他的眼睛去看路边的蜻蜓、水面的涟漪、天空中看似不动却缓缓变幻的云，你重新认识这个世界。婚姻其实很难改变一个独立的女性，但宝宝会让一个女人重新活一遍。对于我们这些选择当了二宝妈妈的女人而言，我们又多了一次陪伴宝宝成长的机会。

陪伴大宝、二宝成长的这个过程是一段特殊的时期，也将是我人生中最美好的一段。不管有多难，我都要做无条件爱宝宝的家长，让宝宝的内心有温暖的一角，愿意接纳、愿意信任、愿意探索、愿意付出！

每个宝宝都是天使,
每个妈妈都是天使的守护者,
妈妈对天使们尽心呵护,
这世界才能开出美丽的花。